纺织服装高等教育"十二五"部委级规划教材

女上装结构设计与缝制工艺

金枝 曾霞 编著

FASHION PATTERN-MAKING AND SEWING TECHNOLOGY

东华大学出版社

图书在版编目（CIP）数据

女上装结构设计与缝制工艺/金枝，曾霞编著．—上海：
东华大学出版社，2010.7
　ISBN 978-7-5669-0104-0

Ⅰ.①女…　Ⅱ.①金…②曾…Ⅲ.①女服—结构设
计—服装设计—教材　②女服—服装缝制—教材
Ⅳ.①TS941.717

中国版本图书馆CIP数据核字（2012）第162000号

责任编辑：谭　英
封面设计：李　搏

女上装结构设计与缝制工艺

金枝　曾霞　编著
东华大学出版社出版
上海市延安西路1882号
邮政编码：200051　电话：（021）62193056
新华书店上海发行所发行
苏州望电印刷有限公司印刷
开本：889×1194　1/16　印张：9.5　字数：334千字
2012年8月第1版　2012年8月第1次印刷
印数：0001～3000
ISBN 978-7-5669-0104-0/TS·340
定价：25.00元

前　言

　　服装结构设计作为服装专业的核心课程之一,贯穿服装专业教学的整个过程,是实现设计的手段和缝制工艺的基础,也是产品由设计到生产的关键环节,在服装生产中起着承上启下的作用。服装工艺则是服装成品最终实现的必要手段,影响着服装的品质。这两块内容都是技术性很强的工作,而且联系非常密切。

　　本教材在每篇中都把服装结构与相应的服装工艺内容相结合编写,知识结构系统、全面、新颖,理论和实践紧密结合,思路清晰,实现了服装结构与工艺教学的更好衔接,有较高的学习、参考价值。本教材是编者根据多年教学经验,以长期的实践为基础,从服装专业生产和教学的需要出发,参阅大量的资料编写而成的。本教材中所配插图均采用线描图形与照片相结合,更加清晰明了、易懂。通过对本系列教材的学习,能够使读者较快地掌握服装结构设计技术及缝制工艺方法与程序。

　　本教材第一、二、三章由金枝编写;第四章由金枝和曾霞共同编写;第五章由金枝和王芬共同编写;黄丝露、王婷靖、曹黄为本书的内容编写及配图做了大量的工作。全书由金枝负责审稿与统稿。

　　本书既可作为大专院校服装专业的教材,也可作为服装爱好者的参考用书。由于编者水平有限,难免存在疏漏之处,望广大读者批评指正,并欢迎读者在使用的过程中提出宝贵意见。

编　者

目　录

第1章　衣身结构与工艺

本章主要介绍梯型原型和箱型原型的结构区别,并选用有代表性的日本旧文化原型和东华原型分别对衣身进行浮余量的各种变化。后面还介绍了衣身中各种部件的缝制工艺。

1.1 衣身原型腰围线对位设计

众所周知,女性体型有胸部平凸之分,服装造型有松紧之别,因此,为了使服装符合体型,要求款式结构图的前后腰节长度不尽相同,其目的是保证各种服装在腰围线以上的结构造型平衡,同时这也是衣身原型腰围线对位的原则。

1.1.1 腰围线对齐法

将前后衣身原型腰围线对齐,原型腰围线的位置就是服装款式结构图的腰围线(以下对位设计中,不论哪种对位方式,都要求前、后片之间有一段距离,以备进行服装款式变化而放大之用)(见图1-1(a))。

腰围线对齐法保证了正常体原型的标准长度结构:前后腰节差为0.6cm左右,前侧缝长于后侧缝3.4cm(文化原型由半领宽求出),将该值作

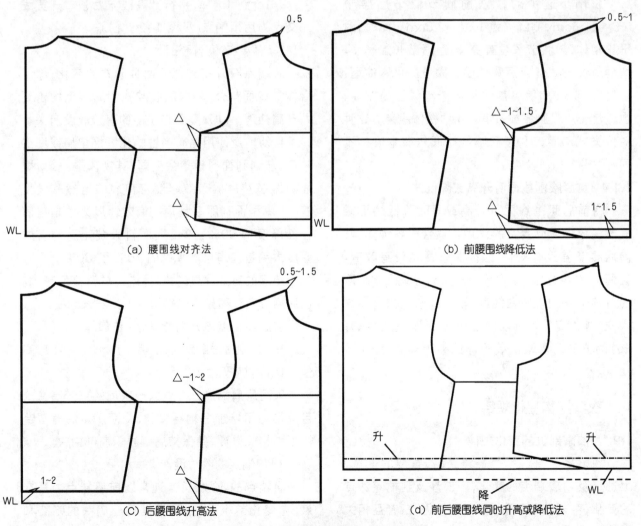

(a) 腰围线对齐法　　　　　(b) 前腰围线降低法

(c) 后腰围线升高法　　　　　(d) 前后腰围线同时升高或降低法

图1-1　原型腰围线的四种对位方法

为胸省的大小,角度为13°左右。在进行款式结构设计时,只要保持这种长度差的结构即可,不必拘泥于制图形式所要求的必须对齐腰围线。这种腰围线对位方式适用于紧体式、合体式服装。在原型应用时应根据服装的贴体程度选择合适的省量,一般可在0°到30°之间进行选择。

1.1.2 前腰围线降低法

以后腰围线为基准,将前腰围线降低1~1.5cm使用原型,这时侧缝差减少了1~1.5cm,前腰节低于后腰节约0.5~1cm。此时,对于正常体来说,后腰节长没有变化,而前腰节长减短了。这种腰围线对位方式适合平胸体形的紧体、合体式服装或者正常体形的半松体服装(图1-1(b))。

1.1.3 后腰围线升高法

以前腰围线为基准,将后腰围线升高1~2cm。这种对位法前腰节低于后腰节0.5~1.5cm,侧缝差为1.5~2.5cm。此时,对于正常体,前腰节长没有变化,后腰节长加长了。这种对位方式适合后背需要较大量的平胸体型、轻度驼背体、肩胛骨高体和中老年体型的服装,也适合于不设胸省或省量较小的松体服装。这种对位方式与第二种前腰围线降低法有本质的不同(图1-1(c))。

1.1.4 前后腰围线同时升高或降低法

将前后腰围线同时升高或同时降低的形式能改善人体实际身高的作用。适合于各种体型,前后腰节差没有变化,因而胸省量也没有改变。轻薄柔软的礼服、旗袍等,通常以减少腰节高度的方法来体现人体曲线美,较长或厚重的合体式大衣、外套等,有时以增加腰节高度(腰围线降低)的方法来表现服装整体的平衡美感(图1-1(d))。

1.2 衣身结构变化规律

1.2.1 袖窿部位的变化规律

袖窿是衣身原型中最复杂、最重要的部位,上部涉及到肩端点的变化,下部涉及到袖窿深点的变化,中部涉及到胸、背宽的变化,三者互相关联而构成新的袖窿曲线结构。

1. 肩缝线的设计

有的人把服装的肩部称为衣架,它的造型是否美观直接影响服装的整体。人体肩型并非十全十美,所以通常借助垫肩来塑造各种肩型。很多人喜欢自然或稍夸张的平肩型或圆肩型,不论哪种,都需要对原型肩端点进行适当的升高和延长处理。但弹性面料或针织面料因具有伸长性能,就可以对肩端点缩短和稍降低。

原型的肩斜度与人体相符,并保持0.5cm空隙可避免压肩。肩缝线居于肩部中间,其长度正好在肩端点。因此,确定以原型肩缝线为基本肩线进行设计。

1)小肩线起点的位置设计

由于领口经常需要开宽,所以应该掌握新的颈侧点位置。不论领口开宽多少,前片新的颈侧点均在小肩线上。后颈侧点通常需要升高,在0.5~1cm间选择,平行升高线与后领口开宽线的交点为后颈侧点(见图1-2(a))。

2)肩端点的升降设计

肩端点有升高和降低两种形式的变化,除了合体针织面料外,多数服装款式的肩端点均需要做升高处理。其升高量与垫肩的有效厚度有关。

目前广泛使用略有弹性的化纤棉垫肩或海绵垫肩,若遇到面料重量会变薄,其规律是:轻薄型面料服装垫肩的有效厚度与垫肩的自然厚度相等;中厚型面料服装垫肩的有效厚度大约是垫肩自然厚度的90%;厚重型面料服装垫肩的有效厚度大约是垫肩自然厚度的70%到80%。

垫肩的有效厚度越大,肩端点的升高量越大。前后肩端点升高量可以采用以下方法来分配:

前后肩端点总升高量=4/3垫肩厚;

其中,后肩端点升高量=垫肩厚,前升高量=1/3垫肩厚。

采用后肩端点升高量大于前肩端点升高量的目的是为了增加后袖窿弧长,从而满足后背塑造箱型结构的需要,并保持肩缝居于肩部中央。

3)肩端点的收放设计

肩端点的收放设计,通常以前肩端点为基准点,先变化前小肩宽,再根据后小肩线的吃势和省量来变化后小肩宽(见图1-2(b))。

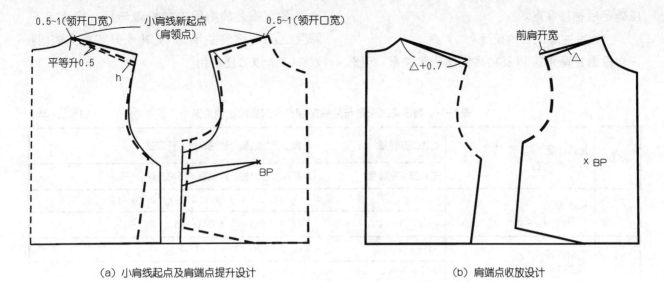

(a) 小肩线起点及肩端点提升设计   (b) 肩端点收放设计

图1-2　肩缝线的起点与终点变化

由于袖窿与袖山的组合形式不同,肩端点可以有内收外展的变化。通常以前肩端点为基准点,先变化前小肩宽,再根据后小肩线吃势或省量来变化小肩宽,最后画顺小肩线。

4)画顺小肩线

根据肩部造型特征画顺小肩线。小肩线根据肩部造型特征有直线型和前凸后凹形的两种。

5)各种袖型的肩线设计

(1)正规的圆装袖:自然肩型的前肩端点延长0.5~1cm,宽肩型可延长1.5~2.5cm,后肩部如果有肩背省,可使后小肩=前小肩宽+省量+0.2cm,无肩背省时,则使后小肩宽大于前小肩宽0.7cm左右,用来作为吃势。吃势大小应根据面料弹性和服装款式来决定。

(2)灯笼袖:为了使灯笼泡起的袖型美观,前肩端点应内收,内收量根据灯笼袖的袖山泡起程度决定,大约0.5~3cm左右。

(3)落肩式一片袖:肩端点需要延长,并且延长的幅度变化较大,一般以延长4~10cm肩线的形式居多。落肩袖的前后肩线长度可以相等或者后肩有少量吃势。在肩线加长的同时,胸背宽的尺寸也随之加大,二者的关系以"肩端点至袖窿深点的落差不小于3cm"为原则。所以肩线加长越多,胸围宽松量就越大。

(4)插肩袖:插肩袖也有自然肩型和宽肩型之分。自然肩型的肩端点延长1~1.5cm,宽肩型一般延长2.5cm左右,肩线与袖中线的夹角要修圆顺。

前小肩宽的尺寸加上0.5cm左右是后小肩宽的尺寸。

2. 袖窿深点的纵横向设计

袖窿深点有横向和纵向两方面的变化。横向是变化胸围大小,纵向是变化袖窿深浅。

1)袖窿深点的横向变化

女装结构图是以四开身结构为基础进行变化的。因此,胸围一周的追加松量要分配到四片上,每片原型加宽量可以相等(追加松量的1/4),也可以不等(根据人体需要,一般后片大于前片)。衣服胸围变瘦时,追加松量为负数,即每个衣片应减去一些量。把计算值加宽在每片原型的袖窿深点处,由加宽点向下画竖直线至底摆。有些款式因结构造型需要,后片可以比前片大些,最多可以大2cm,即前后片可以互借1cm。

2)袖窿深点的纵向变化(前后袖窿深点变化不同)

在胸围部位放缩(袖窿深点横向变化)之后,就要进行袖窿深点的开深或升高设计。由于升高量是有限度的,仅限于无袖服装或少数极合体服装,所以重点研究其开深量。而开深量以后袖窿为基准,所以在应用原型进行结构设计时,首先应确定后袖窿深点。

（1）后袖窿深点的设计

根据袖窿形态以及袖窿纵横比率关系，而研究了各类服装的胸围追加松量与后袖窿深点开深量之间的比例关系，并将其规律定量列表（见表1-1），以方便应用。

表1-1　胸围追加松量与后袖窿深点开深量的比例关系　　　　　（单位：cm）

序号	贴体程度（服装款式）	胸围追加松量	胸围追加松量：后袖窿深点开深量
		总松量（空隙量）	每片（四分法）开宽量：后袖窿深点开深量
1	贴体式（旗袍、礼服等）	−4～−2	（−4）：（−1）或（−4～−2）：（0～1）
		6～8（1～1.3）	（−1）：（−1）或（−1～−0.5）：（0～1）
2	半贴体式（旗袍、礼服等）	−2～2	（−2）：1或（−2～2）：（1～2）
		8～12（1.3～1.9）	（−0.5）：1或（−0.5～0.5）：（1～2）
3	合体式（圆装袖的西服外衣、衬衣等）	3～6	2：1或3：1或4：1
		13～16（2.1～2.6）	0.5：1或0.75：1或1：1
4	半合体式（圆装袖的西服外衣、衬衣等）	7～10	2：1或3：1或4：1
		17～20（2.7～3.2）	0.5：1或0.75：1或1：1
5	半松体式（各种大衣、外衣）	11～15	3：1或4：1或4.5：1
		21～25（3.4～4）	0.75：1或1：1或1.1：1
6	松体式（休闲装、风衣等）	16～32	2：1或3：1或4：1
		26～42（4.2～6.8）	0.5：1或0.75：1或1：1

备注：负数表示胸围减少的量。比如：（−4）：（−1）中−4表示胸围减少4cm，−1表示袖窿升高1cm；2：1中2表示胸围增加2cm，1表示袖窿开深1cm。

说明：

①追加松量：指在原型（限定胸围原型松量10cm）基础上增加的胸围松量。

②总松量：指胸围追加松量与原型松量10cm的综合。

③每片平均开宽量：指胸围追加松量平均分给前后四片，每片得到1/4的追加量。

④在前后衣片胸围互借1cm左右时，不影响上述比例关系。

上述几类松体不同的服装，可在各类由低到高的比例范围中选择。通常追加松量越大，取高比例，追加松量小取低比例。

（2）前袖窿深点的设计

前袖窿深点的开深量应根据服装款式的贴体程度决定，一般比后衣片多开深0~3.4cm（即文化原型的侧缝差量）其中越合体的服装前后开深量差越小，侧缝差已经转化为胸省量，越松身的服装前后开深量差越大，没有胸省量。

以变化的后袖窿深点为基准点，适当再开深前袖窿，详见以下数据：

①贴体无弹性面料的服装开深0~1cm，有弹性的面料开深2~3cm时，可构成无省缝结构。

②半贴体与合体式服装开深0~1cm。

③半合体式与半松体式服装开深0.5~1.5cm，胸围追加松量越大，开深量取高值。

④半松体式与松体式服装开深2cm左右。

⑤松体式与特松体式服装，可开深至与后袖窿深点平齐。

3）袖窿深点开深的方法

半合体圆装袖服装的胸围追加松量与后袖窿

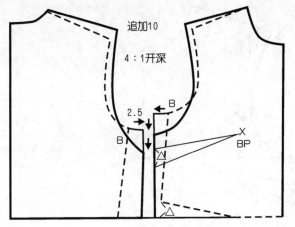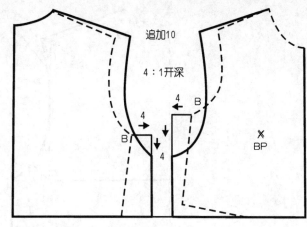

图1-3 袖窿弧线的变化（肩点、胸背宽及袖窿深点的变化设计）

深点开深量的常用比例是 4：1，应用时，以原型后袖窿深点为起点，胸围松量每增加 4cm，后袖窿深点加深 1cm，例如追加松量是 10cm 时，则 10/4=2.5cm，原型后袖窿深点开深 2.5cm，B 点横向开宽 2.5cm（见图 1-3）。

松体服装袖窿多与一片袖配合，其胸围追加松量与后袖窿深点开深量的常用比例也是 4：1，加入胸围追加松量是 16cm，则后袖窿深点开深 4cm，前袖窿深点与新的后袖窿深点平齐。

3. 胸背宽及冲肩的设计

1）胸、背宽的变化

服装有松紧之分，肩宽有宽窄之别，因此胸背宽也随之发生较大的变化。合体度高的衣服，胸背宽在原型基础上几乎不变化或增加极小的量，为了舒适性功能，一般不许缩窄胸背宽尺寸。（特殊款式例外）半合体式服装胸背宽增加 0.5~1.5cm，松体服装增加量较大，可以在 2~10cm 之间变化。胸背宽增加量与胸围追加松量呈正比，与肩宽增加量亦呈正比。对于胸背宽增加的量，不必拘泥于特定数据，只要确定好袖窿深点与肩宽点，然后再根据标准冲肩值将袖窿弧线画顺畅，即确定了胸背宽直线。

2）冲肩值的确定及变化

肩端点到胸背宽的垂直距离称为冲肩，根据体型和服装造型的要求，前冲肩应该大于后冲肩，在无肩省的情况下，前冲肩为 2~4cm，后冲肩为 1.5~2.5cm，该值称为标准冲肩值。

由于人的体型有肩宽体瘦和肩窄体胖的区别，以及服装造型有宽窄不同的要求，服装的冲肩值也应有区别，尤其对于肩宽体瘦者和肩窄体胖者的合体式服装进行结构设计时，会出现冲肩值过大或过小的情况，给袖窿的结构造型带来麻烦。所以在满足胸围和肩宽规格的条件下，适当调整胸背宽，必要时可结合撇门结构，把冲肩值控制在标准范围内，才能使肩部造型挺拔，为制作出精良的服装板型打好基础。

4. 新袖窿弧线的绘制

在完成肩端点、袖窿深点、胸背宽及冲肩的变化设计后，可以将袖窿弧线的各个变化点用顺畅的弧线连接，形成新的款式变化服装的袖窿弧线。弧线完成后，需要分别测量前后袖窿弧长并记住数值以便设计合适的袖山弧线。

下面以圆袖窿为例说明如何绘制袖窿弧线（见图 1-4）。

1）袖窿底部角分线长度的确定

合体袖的袖窿底部前凹势以角分线长 2.2~2.5cm 为宜，后凹势以前角分线长加 0.5~1cm 为宜，半松体袖或松体袖多数为尖袖窿，确定角分线的长度宜长不宜短，画顺成美观的子弹头形状即可。

2）前袖标点的确定

衣服的胸围规格不论大小，一律采用胸宽直线与新的胸围线的交点向上 5cm 为前袖标点。

3）测量袖窿弧线

将软尺边竖立起来，从前肩端点沿着袖窿弧线测量至后肩端点，有省量的地方需要扣除，记下袖窿总弧长 AH 的尺寸。

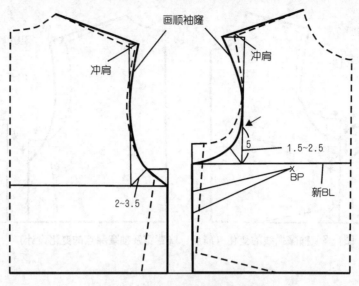

图1-4 变化原型袖窿弧线的画法

1.2.2 领口变化规律

原型领口中的领深与领宽比例以及各个结构点构成的领口弧线，是符合人体颈根部的基本结构。在进行款式变化的领口设计时，一般都要将领口开深开宽，以符合领型立体效果。然后再依据领型的有关特征，重新绘制领口曲线。

领口开宽，应该根据原型颈侧点，一般前后开宽量相同，但后颈部较大或无领式结构的后领口，应适当增加0.5cm左右。后领口开深量比较稳定，一般装领型为2～2.5cm，无领型可变化大些。前领口开深量的变化幅度较大，一般立领在1～2cm左右，驳领一般可达到腰节线（40cm左右）甚至更长，应根据领型特征而定。

1.2.3 前后侧缝差的处理——浮余量的处理

在原型应用中，梯形原型与箱型原型不论使用哪种腰围线对位方式，都会出现前侧缝比后侧缝长的现象。即使在前后袖窿深点下落之后，多数款式（松身款式除外）仍然存在如何解决侧缝差数的问题，即前衣身的浮余量消除问题。通过以下方法可以解决前衣身浮余量，使前后侧缝等长（见图1-5）。

1. 收省的方式

将侧缝差的全部或大部分转化成侧缝省。衣片不设分割缝，适用于直筒半合体、半松体的服装。注意省尖点要缩短，距离胸高点一定的距离

（大约2～5cm）（见图1-5（a））。

2. 收省转省的方式

（1）将侧缝差变化成侧缝省，再将该省转化到前片的分割缝中（见图1-5（b））。

（2）先使前后袖窿深点平齐，然后在袖窿弧线处，设计一个袖窿省约1.5cm，然后转移至领口（见图1-5（c））。

（3）先将前后侧缝差转变成侧缝省，然后将省量转移至衣片横向分割线中，使其成为衣片的缝缩量（见图1-5（d））。

（4）将侧缝省转移至衣片上任意部位，可使侧缝等长（见图1-5（e））。

上述解决前后侧缝差数的方法，适用于合体式和半合体式服装。

3. 撇胸方式

将前后侧缝差的部分对准胸高点转移成撇胸，使撇胸为1～1.5cm，此时侧缝差大约减少1cm左右。剩下的侧缝差再作其他处理。撇胸适用于合体服装（见图1-5（a））。

4. 袖窿开深方式

在前后袖窿深开深的时候，前袖窿比后袖窿多开深的部分为侧缝差，即前袖窿下放，此法用于宽松的服装（见图1-5（f））。

5. 袖窿松量

也等同于前袖窿下放，前袖窿弧线多出的部

分作为余量浮在袖窿处,适用于宽松服装(见图1-5(a))。

6. 底边起翘方式

因女性体型关系,上装前片底边在侧缝处一般要起翘,此法就是将前后侧缝的差用起翘的方式表现出来(起翘量前多后少),适用于宽松服装(见图1-5(g))。

以上这些方式在服装结构运用时,可以单独运用也可以组合运用,主要根据衣身外形来确定。一般宽身型衣身造型,可采用前衣身袖窿开深和底边起翘的方式;胸、腰围度相同的箱型衣身造型,可采用收省和下放的方式;贴体卡腰型的衣身造型,可采用收省(包含撇门)方式。

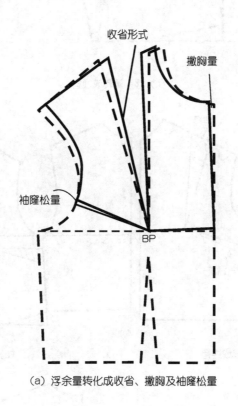

(a) 浮余量转化成收省、撇胸及袖窿松量

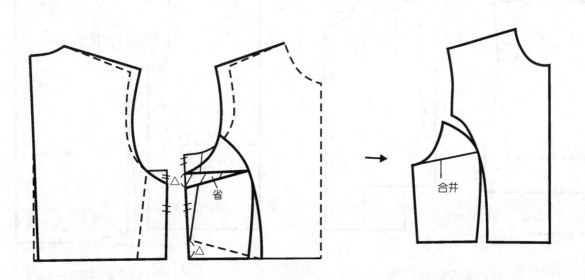

(b) 浮余量转入纵向分割线

图1-5 衣身原型的浮余量处理的各种形式

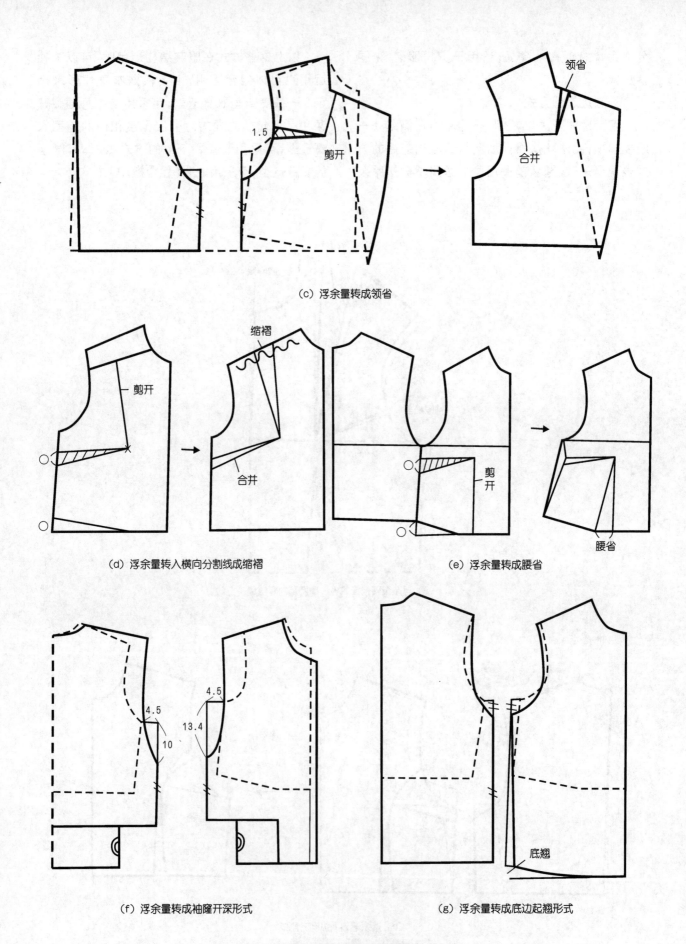

（c）浮余量转成领省

（d）浮余量转入横向分割线成缩褶

（e）浮余量转成腰省

（f）浮余量转成袖隆开深形式

（g）浮余量转成底边起翘形式

图1-5　衣身原型的浮余量处理的各种形式（续）

8

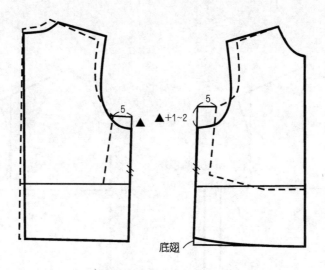

（h）浮余量转成袖窿开深+底边起翘形式

图1-5　衣身原型的浮余量处理的各种形式

1.2.4　女装原型应用方法

前面阐述了原型应用中主要结构部位的变化规律，现举例讲解，在原型的基础上在具体部位上通过放出、减少、展开、折叠等方法制作出结构图形。

1. 制图依据

（1）原型和款式效果图。

（2）服装各部位的结构设计方法与原理。

（3）原型应用中的结构变化规律。

2. 制图顺序

（1）认真分析款式效果图的廓形、结构和比例，确定成品规格和细部规格，并画出与人体比例相符合的式样图。

（2）后衣片－前衣片－领－袖－零部件。

（3）基础线－外轮廓线－内部结构。

3. 衣身结构设计的主要步骤

1）后衣身（基本步骤分四步）（见图1-6）

（1）放出后胸围尺寸，放出后衣身衣长。

（2）定出袖窿深部位，修正侧缝线造型。

（3）放、缩领窝，放出后肩缝的前后衣身内衣厚度影响值。

（4）定出后肩宽，消除后衣身浮余量时，改低肩斜，放出后肩缝缩量，根据服装造型画出袖窿形状。

2）前衣身（基本步骤分六步）（见图1-7）

（1）放出前胸围尺寸，放长前衣身衣长，放出前门襟面料厚度影响值。

（2）放出前叠门量，画出前领窝基准线，画出前衣身下放松量。

（3）按照后肩缝画出前肩缝，画出实际领窝线。

（4）定出袖窿深部位，修正侧缝线造型，画顺底边。

（5）画顺前袖窿。

（6）画出衣身内部部件结构图。

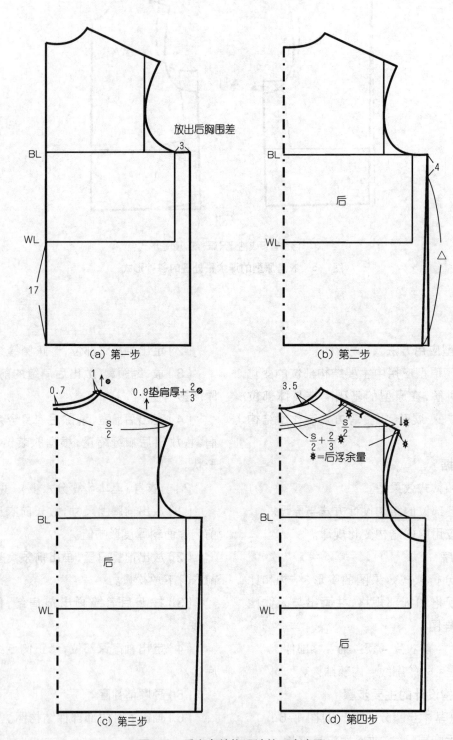

图1-6 后衣身结构设计的四个步骤

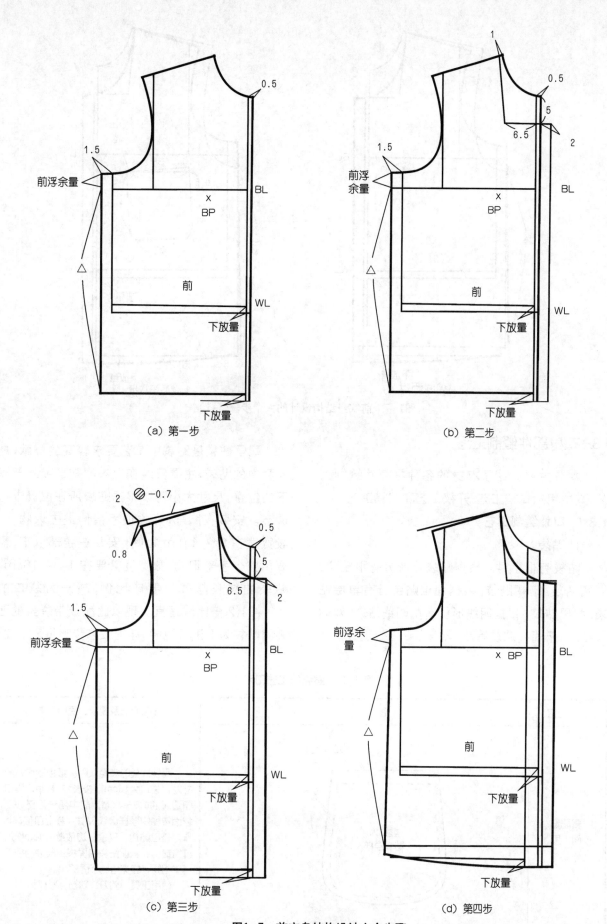

图1-7　前衣身结构设计六个步骤

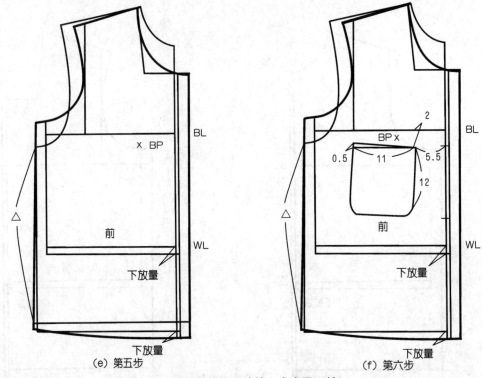

图1-7　前衣身结构设计的六个步骤（续）

1.3　衣身部件缝制工艺

本节主要介绍了衣身的各种零部件缝制工艺，其中包括口袋工艺、开衩工艺和门襟工艺。

1.3.1　口袋缝制工艺

1. 贴袋

贴袋有很多种。根据贴袋外形分有平贴袋、皱褶贴袋、暗褶贴袋；根据面里贴合分有单层贴袋、配里贴袋；根据明线形状有单明线贴袋、双明线贴袋、无明线贴袋等。

配里贴袋是贴袋中工艺要求较高的一款，是外套中的贴袋，主要安装在上衣的胸部或腰部以下的位置，尺寸大小可以根据贴袋所在位置进行调节。安装在胸部，为方便手指伸进去取物，一般宽度在 9 ～ 11cm 之间；安装在腰部以下，需要用整个手部取物，故宽度需要在 14 ～ 16cm。贴袋的袋长与袋口要成比例，袋长为袋口的 1.1 ～ 1.2 倍比较适宜。现以此配置带袋里的西装圆贴袋为例进行说明。详细工艺步骤见表1-2。

表1-2　贴袋的工艺图示

工艺内容	图　示	工艺方法及要求、使用工具
1. 裁配贴袋面、里	袋口贴边3　0.8　虚线为贴袋净样	西装大袋的袋面（用硬纸板制作）尺寸为：袋口大15cm，袋长17.5cm，袋口侧边起翘0.7～1cm，前中部分为直纱。袋面按图中净样虚线放缝：袋上口放3cm作为袋口贴边，其余三边放缝0.8cm作为缝缉缝份；裁配贴袋的里袋长尺寸与袋面基本相同，袋宽可比袋面略小。使用工具：剪刀、划粉、净样板。

工艺内容	图　示	工艺方法及要求、使用工具
2. 黏合袋口衬	贴袋面（反）	取4cm宽黏合衬黏合在贴袋面的袋口贴边反面，注意熨斗的温度，并将衬布黏平、黏牢。 使用工具：熨斗。
3. 缝合贴袋的面与里	贴袋面（正）　贴袋里（反）	把贴袋贴边与袋里正面相叠，然后沿边缝合，缉缝0.6cm。 使用工具：单针平缝机。
4. 扣烫袋口贴边	贴袋面（反）　贴袋里（正）	按袋口贴边净缝3cm宽扣烫袋口贴边，同时扣烫袋里时要放袋里坐势。 使用工具：熨斗。
5. 缝缉袋口贴边	0.6 贴袋面（正）	在袋口贴边边沿缝缉止口，单明线或双明线均可，但要与贴袋三边明线宽窄保持一致。单明线0.6cm，双明线0.1/0.8cm。 使用工具：单针平缝机。
6. 修剪袋里与缝份	缝份0.8 贴袋面（反）　贴袋里（正）	先取贴袋净样板复核修剪袋里，然后再按净样板修剪袋面，三边留出缝份0.8cm。 使用工具：剪刀。

工艺内容	图 示	工艺方法及要求、使用工具
7. 画衣片贴袋位置		把贴袋净样板放置在衣片贴袋位置，先按净样板画上外道粉印线，然后再按照净样板缩小移进0.8cm画上里道绱贴袋缝份粉印参考线。 使用工具：划粉。
8. 绱贴袋		把贴袋面毛缝对准衣片里道粉印线，并按照衣片外道粉印线开始缝绱，在贴袋的圆角处，袋面要有一定的松度，使贴袋成型后具有里外匀立体感。为了保证绱贴袋的准确性，可以在衣片与贴袋面上作几处对刀标记。 使用工具：单针平缝机。
9. 熨烫贴袋		将贴袋放置在馒头烫台上进行熨烫，同时为了增加袋口牢度，可在衣片反面袋口两端加烫一块小垫布料。 使用工具：熨斗。
10. 缉缝贴袋止口		按设计要求，缉缝贴袋三边止口0.6cm，注意起落针要打来回针，以增加袋口牢度。缉缝圆弧处止口时，上层要用镊子钳推送，下层要稍拉，以防止贴袋止口起涟形。 使用工具：单针平缝机。

2. 插袋——锯齿形里袋

女装里袋通常竖向做在挂面与里子的拼缝之间,而且一般只在右边做一个。高档女装的里袋边沿一般都是锯齿形状。当然,此形状的口袋也可以做在衣服、裙子的其他地方。锯齿形里袋的制作步骤与方法见表1-3。

表1-3　锯齿形插袋的工艺图示

工艺内容	图　　示	工艺方法及要求、使用工具
1. 裁配、缝合"三角锯齿"	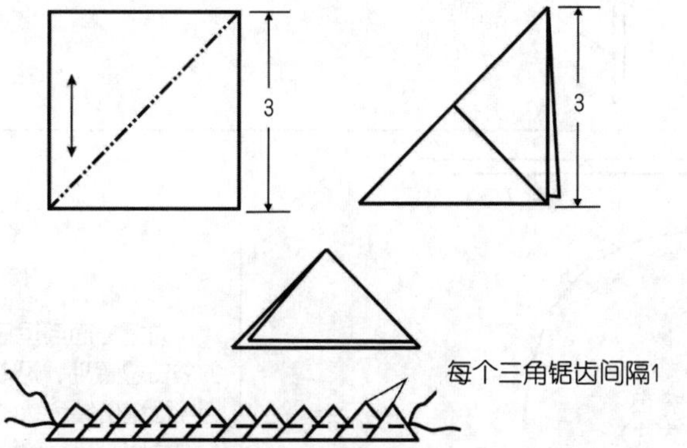 每个三角锯齿间隔1	取边长3cm的正方形同色里料13~15块,将正方形逐一沿对角线对折,使之成"三角锯齿"待用。 先将第一个齿口张开,把下一个齿口塞进,依次相叠,所有三角形首尾相接,排列均匀,每个三角形间隔1cm。缝合后像"锯齿"。 使用工具:单针平缝机、剪刀。
2. 裁配袋布	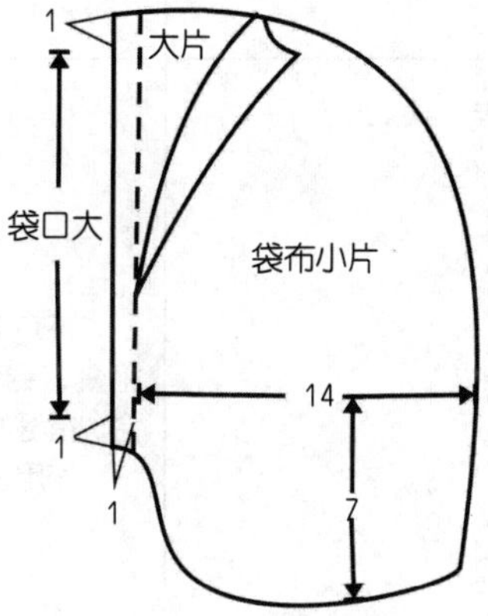	女装里袋袋口大15cm,上下各放1cm缝份,再向下延伸7cm,袋底宽14cm,然后按圆弧画顺。 里袋袋布分为大片和小片,两片袋布尺寸基本相同,只在袋口宽度多1cm,高档女装里袋袋布都选用同色里子布。 使用工具:剪刀。
3. 缝合"三角锯齿"与小片袋布	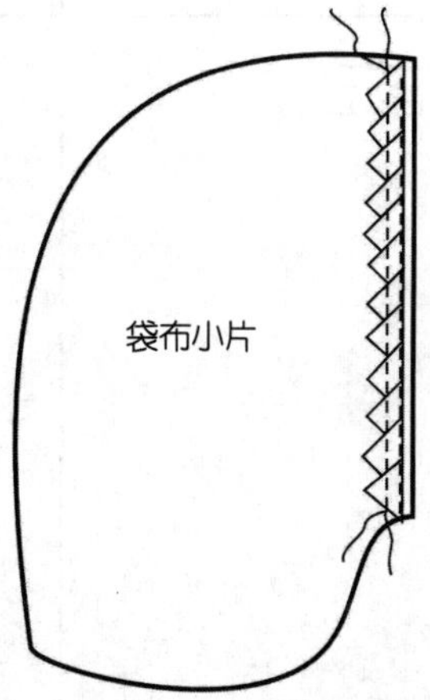	把缝合后的长条形三角锯齿与袋布小片袋口处正面叠合,沿三角锯齿原缝缉线移进一个缉线位置缉线一道。 使用工具:单针平缝机。

工艺内容	图　示	工艺方法及要求、使用工具
4. 缝合挂面与里子		将挂面正面与里子正面相叠，同时按标记留出袋口位置，上下缝份依齐后缝合，缉缝1cm，缝缉至上下袋口，两端需打来回针。 　　使用工具：单针平缝机。
5. 缝合挂面与袋布大片		先把挂面与里子缉缝分开，在预留出的袋口位置处，沿着分开缝份将大片袋布与挂面缝份缝合缉住，两端打来回针。 　　使用工具：单针平缝机。
6. 缝合锯齿袋布与里子		将有锯齿的小片袋布与里子缝份正面相叠，锯齿夹在中间，然后沿边依齐缝合，缉缝0.6cm，两端打来回针。 　　使用工具：单针平缝机。
7. 翻烫袋布、兜缉袋布		把锯齿袋布翻出，锯齿里外匀放好，并将大小袋布摆正，然后沿袋布边兜缉一周，缉缝1cm。 　　使用工具：单针平缝机、熨斗。

3. 插袋——摆缝侧袋

摆缝侧袋属于隐蔽较好的暗袋款式,以往多运用在传统的中式服装中,近年来随着传统款式的重新崛起,侧袋款式现已经出现在一些时尚的大衣中间。传统西裤的侧缝直插袋也属于此类插袋,只是袋布的形状略微不同。详细工艺步骤见表1-4。

表1-4　摆缝侧袋的工艺图示

工艺内容	图　　示	工艺方法及要求、使用工具
1. 裁配袋布与袋垫	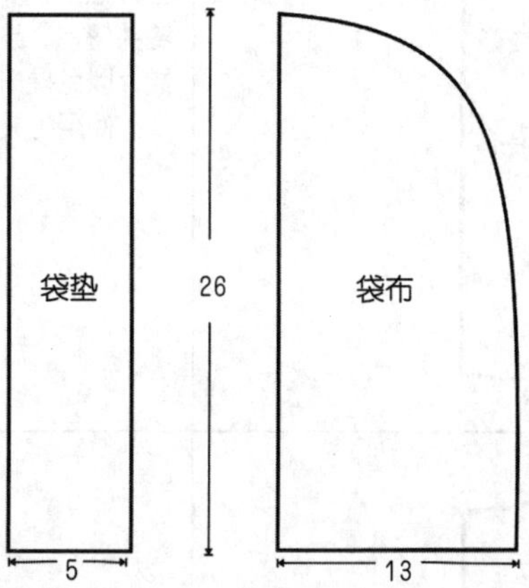	按图示裁配摆缝侧袋布与袋垫各4块,其中袋垫须选用直丝面料。 使用工具:剪刀。
2. 缝合袋垫与袋布	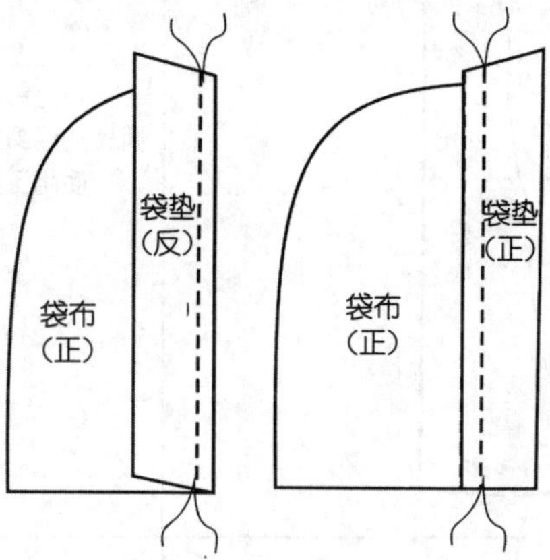	袋垫反面朝外放置袋布正面之上,然后缝合袋垫与袋布,完成之后将袋垫与袋布坐倒摊平压明线。 使用工具:熨斗、单针平缝机。
3. 黏合摆缝牵条	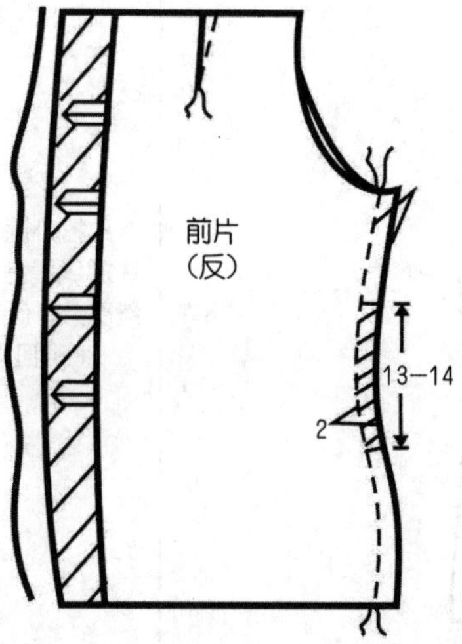	取1cm直丝黏合牵条,用熨斗黏合在摆缝侧袋位置处,以防止袋口拉还,然后将前后摆缝缝合,缉缝1～1.3cm,留出侧袋位置13～14cm左右。 使用工具:熨斗、单针平缝机。

（续表）

工艺内容	图　　示	工艺方法及要求、使用工具
4. 缝合前片摆缝与袋布	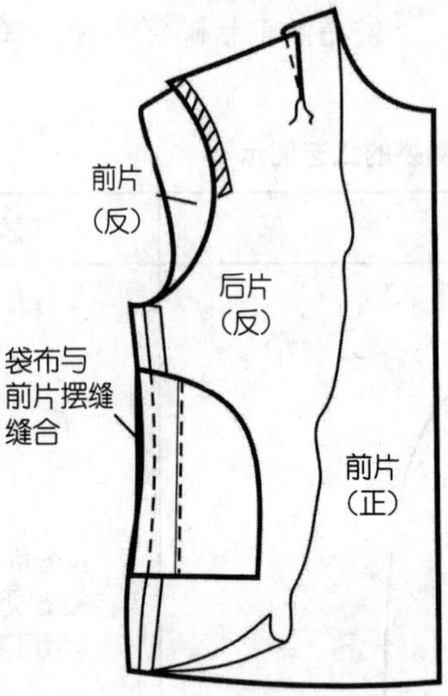 前片（反）　后片（反）　袋布与前片摆缝缝合　前片（正）	把里片袋布正面放置在前片摆缝侧缝上并依齐缝头，然后把袋布与前片摆缝的缝头缝合，注意袋布不要超过下面的底边线，以免袋布不平服。 　　使用工具：单针平缝机。
5. 折转袋布	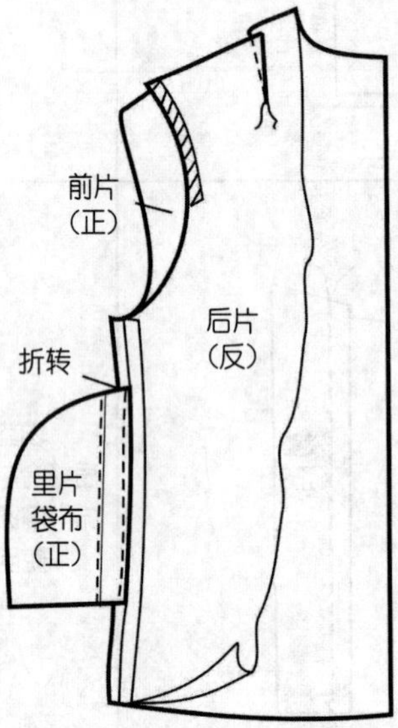 前片（正）　后片（反）　折转　里片袋布（正）	将上一步缝合的里片袋布折转，并在折转边沿缉缝0.1cm清止口一道。 　　使用工具：单针平缝机。
6. 后片摆缝与袋布缝合	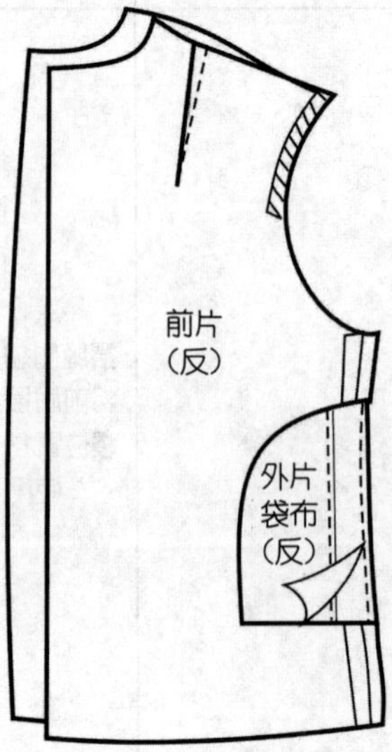 前片（反）　外片袋布（反）	将外层袋布依齐里层袋布，然后与后片摆缝缝合，缝合时缝线尽量靠足后片摆缝部分，但不能缝住袋口。 　　使用工具：熨斗、单针平缝机。

18

工艺内容	图　示	工艺方法及要求、使用工具
7.封袋口、缝合袋布	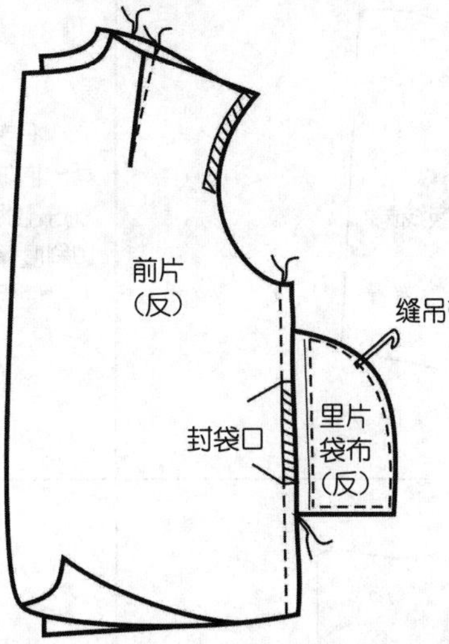	把袋布展平，在袋口的前摆缝袋口处缉缝封口，以增强摆缝侧袋袋口牢度，然后沿袋布将两层袋布缝合起来，同时缝上吊带，最后袋布毛缝可以通过拷边处理。 使用工具：单针平缝机、拷边机。

4. 挖袋——单嵌线袋

嵌线袋是最常见的口袋之一，属于挖袋系列，既可以用于上衣，也可做在裤子上。种类主要有单嵌线袋和双嵌线袋；款式可以根据需要缝制成横嵌线袋或斜嵌线袋等。该嵌线袋广泛应用于各类服装之中。单嵌线袋的缝制方法见表1-5。

表1-5　单嵌线挖袋的工艺图示

工艺内容	图　示	工艺方法及要求、使用工具
1. 裁配嵌线、袋垫，合袋布	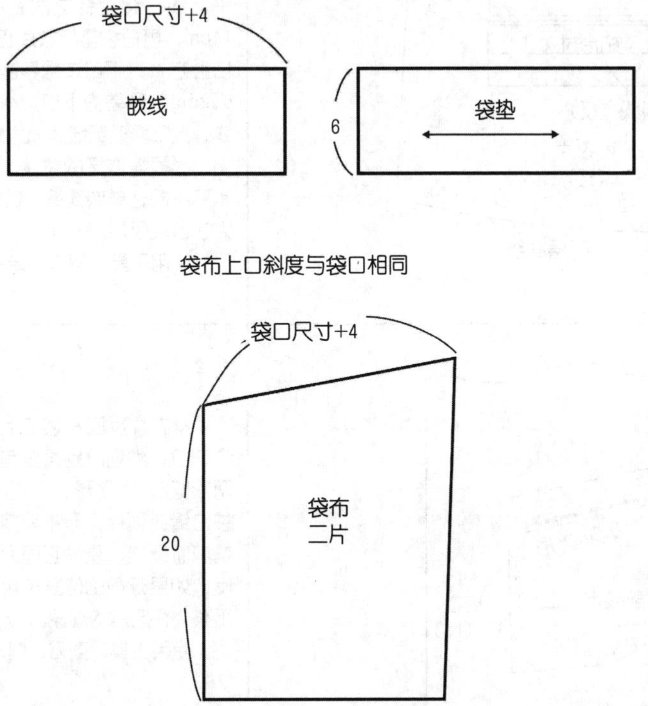	单嵌线袋口大14cm、宽0.8cm（大小长短可按照需要调整）。取直丝裁配嵌线：嵌线长为袋口大＋4cm，宽为净嵌线宽×2＋4cm。袋垫宜选用横料裁配，尺寸大小与嵌线相同。嵌线和袋垫下口需锁边。 　　袋布选料应根据服装是否有里子的单、夹情况而定：无里子的单服装，袋布外层衣片需选用与衣片相同的面料，里层一片选用一般布料。有里子的夹服装，袋布里外两片均可选用一般布料。按图示尺寸裁配，注意丝缕方向。 　　使用工具：剪刀、拷边机。

（续表）

工艺内容	图　　示	工艺方法及要求、使用工具
2.画嵌线袋位置	袋口大15　止口缝　前衣片（正）　嵌线宽2　摆缝　下摆底片	把衣片正面朝上摆正，然后在衣片上画出嵌线袋位置，要求左右衣片嵌线袋位置进出大小一致，袋口斜度基本与下摆底边斜度保持一致。 　　使用工具：划粉。
3.固定袋布	2　2　2　虚线为嵌线位置　前袋布（正）　前衣片（反）	在衣片反面袋口处抹少许浆糊，把一片袋布黏上，或者将袋布用手工扎线固定在衣片上（成型后将该线拆除）袋布上口要比袋口高出2cm，左右两侧袋布距离对称，各比袋口宽出2cm。 　　使用工具：浆糊、熨斗。
4.缝缉嵌线	袋垫（反）0.5　0.2　黏合衬0.5　嵌线（反）　前衣片（正）　下摆底线	先在嵌线反面加烫一层黏合衬，接着把嵌线放在袋口画线位置下方并与衣片正面相对，然后沿嵌线上口边沿缝缉0.5cm平行线，起止针之间距离为袋口大尺寸14cm，再把袋垫与衣片正面相对后放在袋口上方，其下口边缘与嵌线上口边缘相距0.2cm，沿袋垫下口边缘缝缉0.5cm平行线，上下两道缉线距离为1.2cm。 　　（根据嵌牙的宽度不同，上下两缉线距离不同，单嵌口裤子口袋为0.8～1cm，大衣口袋可为2～3cm） 　　使用工具：熨斗、单针平缝机。
5.开剪袋口	两段剪成Y形　前袋布（正）　前衣片（反）	从衣片反面在袋口上下缉线中间剪一个缺口，然后分别再剪向袋口两端，袋口两端剪成"Y"形，"Y"形端点必须剪至袋口缉线顶点，但不能剪过头，若剪过头或剪断缉线，袋角正面会有发毛现象；相反，如果开剪的位置不足，会产生袋角不平整，有疙瘩的现象。 　　使用工具：剪刀、熨斗。

20

工艺内容	图　示	工艺方法及要求、使用工具
6. 分烫嵌线	袋垫（反）　剪口 黏合衬 嵌线（反） 前衣片（正） 下摆底边	把嵌线与袋垫缉缝份开烫平，然后再把嵌线折转1.2cm并烫平固定。 　使用工具：熨斗。
7. 翻转缝缉嵌线	1.2 沿嵌线缝份缝缉一道漏落缝 前衣片（正）	将嵌线、袋垫和袋布分别从剪开的口子中翻转到衣片的反面同时将平袋角，衣片袋口两端的小三角向衣片反面折转，沿嵌线下扣边沿缉缝一道漏落缝（此缝可不缉，直接在反面三角来回针固定，以免正面有线迹影响美观，见第十步）。 　使用工具：单针平缝机。
8. 缝缉嵌线下口与袋布	嵌线（正） 前袋布（正） 前衣片（反）	将衣片翻转反面向上，在嵌线布边下口边缘与前片袋布缉缝。 　使用工具：单针平缝机。
9. 缉缝袋垫下口与袋布	分缝 嵌线（正） 袋垫（反） 后袋布（正） 前袋布（正） 前衣片（反）	将袋垫向下折转放平，取另一片外层袋布，并在袋垫上涂少许浆糊把外层袋布黏上，然后在袋垫下口边缘与外层袋布缝缉。 　使用工具：单针平缝机、浆糊。

(续表)

工艺内容	图　示	工艺方法及要求、使用工具
10. 封缉袋口	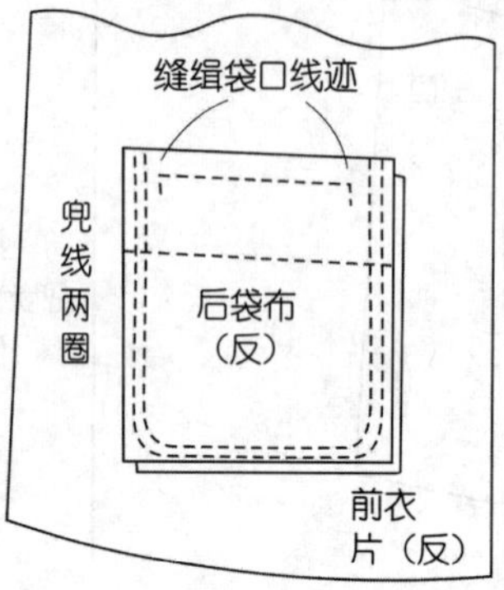	在袋口的一端掀起衣片，理顺小三角，沿袋口端点把小三角、嵌条、袋布用来回针一并缉合；然后在袋垫上口边缘缝缉至袋口另一端，用同样的方法封缉另一端袋口。 使用工具：单针平缝机。
11. 兜缉袋布	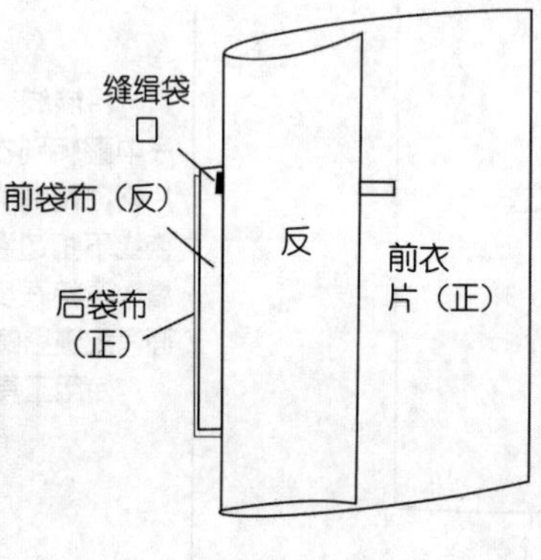	把前后袋布放平后，沿袋布三边兜缉一圈或两圈。再将毛边拷边。 使用工具：单针平缝机、拷边机。

5. 挖袋——有盖双嵌线袋

此款口袋在男西服上运用较多,在时尚女装中偶尔也用。该款口袋增加了袋盖的嵌线袋,其款式与缝制工艺变化主要反映在袋盖上。详细工艺步骤见表1-6。

表1-6　有盖双嵌线袋的工艺图示

工艺内容	图　示	工艺方法及要求、使用工具
1. 裁配袋盖面、里,袋布、嵌线与袋垫	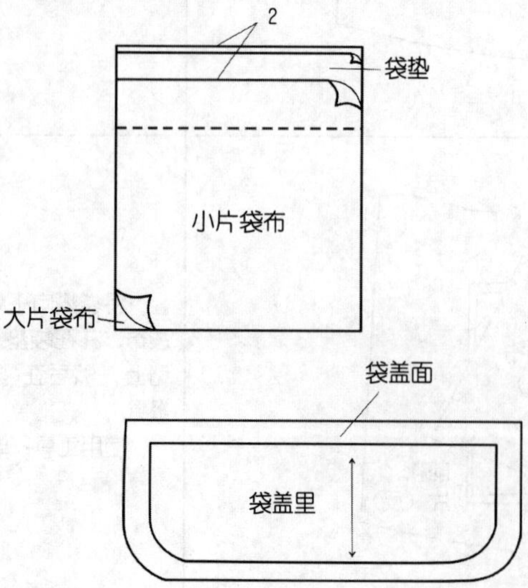	西服大袋袋盖净大15.5cm,宽5.3cm,前侧为直丝缕,后侧有起翘0.7cm,袋盖下口略呈胖形。裁配袋盖面时,上口放缝1.5cm,其余三边放缝0.8cm;裁配袋盖里可比袋盖面稍微小一点,袋盖里可以使用斜纱,以利于做出里外匀。 裁配西服袋布分为大片和小片两块,大片宽约20cm,长24cm,小片宽同大片,长比大片短2cm。嵌线与袋垫选用同色面料,宽5cm,长同袋布宽。 使用工具：单针平缝机、剪刀。

22

工艺内容	图　示	工艺方法及要求、使用工具
2. 缝合袋盖面、里，翻烫袋盖	袋盖面（正） 袋盖里（反） 袋盖面（正）	袋盖面需要烫一层薄黏合衬，将袋盖面、里正面相叠，袋盖里放上层，袋盖面放下层，沿净缝三边缝合，注意袋盖面圆弧处须归拢，使袋盖成型后有里外匀窝势。 　　袋盖缝合后，先修剪袋盖缉缝，缝份0.4cm，圆弧处留缝份0.2cm，然后用镊子夹住袋盖圆头，轻轻顶住翻出，两只袋盖对称吻合。熨烫袋盖要烫出里外匀窝势，即袋盖里不能露出袋盖面。 　　使用工具：单针平缝机、熨斗。
3. 烫袋口黏合衬	黏合衬 前衣片（反）	在衣片反面袋口位置烫上黏合衬，目的是增强袋口牢度，也方便开袋，同时能防止嵌线袋角毛出。 　　使用工具：熨斗。
4. 画袋位线	前衣片（正） 虚线为袋为粉印	把衣片正面朝上，在袋位处用划粉画出位置，注意划出上下嵌线的宽度共1cm。 　　使用工具：划粉。
5. 缉缝上、下嵌线	下嵌线（反）　上嵌线（反） 前衣片（正）	分别将上、下嵌线放置在衣片袋位上，与划粉印依齐后缉缝，缉线两端必须来回针，上下嵌线缉线缝份各为0.5cm，上下两根缉线之间宽度为1cm。 　　使用工具：单针平缝机。

工艺内容	图 示	工艺方法及要求、使用工具
6. 开袋口		从衣片反面在袋口上下缉线中间剪一个缺口，然后分别再剪向袋口两端，袋口两端剪成"Y"形，"Y"形端点必须剪至袋口缉线顶点，但不能剪断缉线。否则袋角打裥不平服或毛出。 　　使用工具：剪刀。
7. 分烫嵌线		将上、下嵌线缝缉缝份分开烫平，并检查烫开后的缝份是否顺直整齐，若缝份太大或弯曲可适当进行修剪。 　　使用工具：熨斗。
8. 扎定嵌线		把上下嵌线同时朝里翻进并整理，分别按0.5cm宽度折转，然后手针用单根扎线将上、下嵌线缝扎定位，扎定时观察嵌线造型是否顺直整齐和宽窄一致。 　　使用工具：手针、熨斗。
9. 缝缉下嵌线		在衣片下嵌线正面缉缝漏落缝，在下嵌线两端可打来回针，以增强袋角的牢度；或者在反面直接封三角。 　　使用工具：单针平缝机。

工艺内容	图　示	工艺方法及要求、使用工具
10. 封缉袋口三角	封缉袋口三角 （反） 前衣片（正）	把衣片掀开，将上、下嵌线拉挺，袋角放正，然后在袋口内三角处来回封缉3或4道线。 　使用工具：单针平缝机。
11. 缝合下嵌线与小片袋布	下嵌线 前衣片（反） 小片袋布	将衣片折转，取小片袋布上口与下嵌线下口缝合。 　使用工具：单针平缝机。
12. 缝缉袋布、袋垫与袋盖	袋垫 大片袋布	袋垫下口折光后放置在大片袋布上缝缉，缉缝0.1cm，然后将做好的大袋盖与袋垫上口对齐，沿边将袋布、袋垫与袋盖缉缝固定。 　使用工具：单针平缝机。
13. 袋盖塞入上、下嵌线	（反） 前衣片（正） 袋垫 袋盖 大片袋布	把袋盖从衣片反面塞入上、下嵌线之中，并按袋盖宽度粉印摆平放准。 　使用工具：单针平缝机。

工艺内容	图　示	工艺方法及要求、使用工具
14. 缉上嵌线	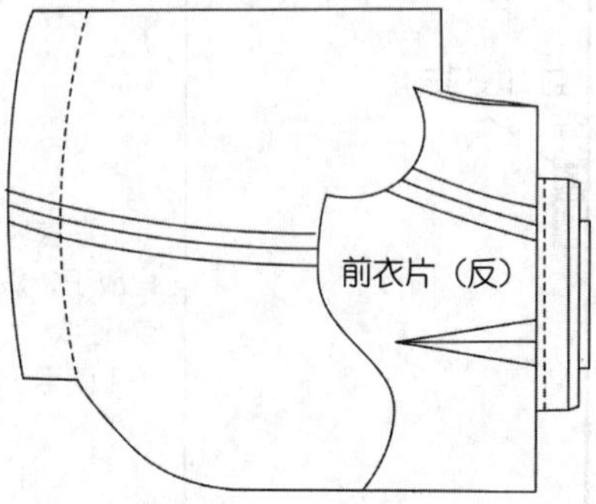 前衣片（反）	把袋盖捋平，把上嵌线拉挺，然后把衣片掀起，先在袋口一端封口，然后再折转沿上口缉0.1cm止口，再折转至另一端封口。 使用工具：单针平缝机。
15. 兜缉袋布	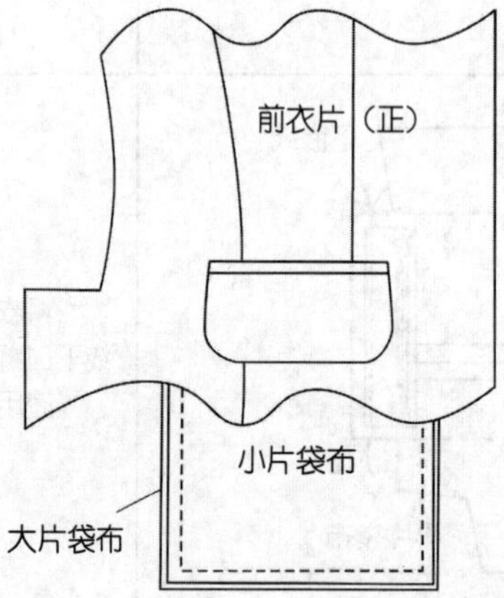 前衣片（正） 小片袋布 大片袋布	将衣片掀起，把大小片袋布放平，然后沿袋布三边兜缉一周，缝份1cm，注意小片袋布要向上（袋口）推送，有利于袋口上下嵌线合拢。 使用工具：单针平缝机。

1.3.2　开衩缝制工艺

1. 直袖衩

直袖衩在女衬衣袖口处运用较多。直袖衩缝制方法类似滚条缝缉方法，即直接把袖衩与袖片缝缉连接在一起。详细工艺步骤见表1-7。

表1-7　直袖衩的工艺图示

工艺内容	图　示	工艺方法及要求、使用工具
1. 裁配直袖衩	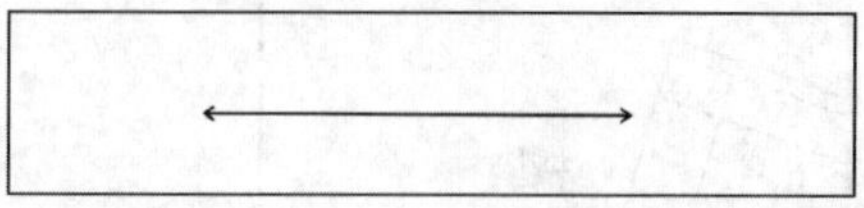 （箭头图示）	选取经纱裁配衬衫直袖衩，袖衩宽3.5cm，长约20cm，放有余量，以使缝缉时方便，缝完可将多余的剪掉。 使用工具：剪刀。
2. 扣烫直袖衩	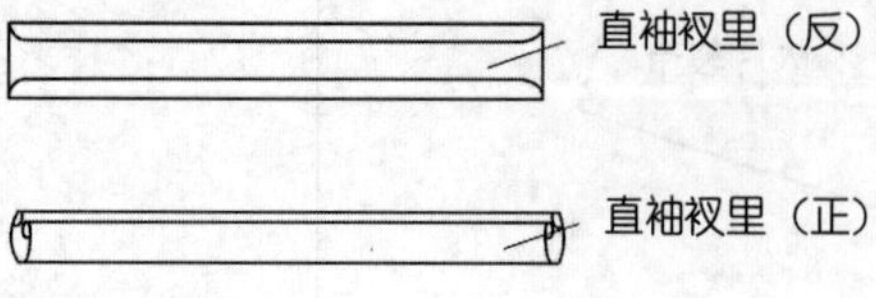 直袖衩里（反） 直袖衩里（正）	将直袖衩两边缝份折光扣烫，扣烫缝份为0.7cm，然后按照1cm宽横向折叠，直袖衩里要比面多折出0.1cm。 使用工具：熨斗。

工艺内容	图　示	工艺方法及要求、使用工具
3. 剪开袖衩位	袖面（反） 8　剪袖衩	按款式要求在袖片后袖缝下口位置剪开袖衩位（具体位置在后袖1/2处），剪开袖衩长约8~10cm。剪开前需要在剪的位置烫上黏合衬。 　　使用工具：剪刀、熨斗。
4. 缝缉袖衩	袖面（正）	将折叠后的直袖衩面朝上，塞进经过开剪后的袖片袖衩内，然后在直袖衩正面缝缉0.1cm止口。具体操作缝缉时，要求直袖衩起针处袖片袖衩位缝份被缝缉0.6cm，缝缉至袖片开衩顶端转弯处，袖片缝份逐步缩小为0.3cm，然后再过渡到另一边袖衩被缝缉缝份，仍然缝缉0.6cm，在袖片开衩顶端转弯处，直袖衩与袖片结合部位不能有打褶或毛出现象。 　　使用工具：单针平缝机。
5. 封缉袖衩	门襟袖衩折转　封缉袖衩 （反）　（正） 折裥 袖片（反） （方法一） 袖片（正） 反 封缉袖衩 （方法二）	方法一：把袖片沿袖口正面对折，袖口摆端正、直袖衩放平齐，在袖片的袖衩顶端转弯处向袖衩外口斜下封缉来回针三道线，缝缉宽度为0.8cm。此封缉方法适用于女式衬衫。 　　方法二：将袖片门襟袖衩向里折转放平，在袖衩顶端转弯处按照直袖衩的宽度来回封缉明线3~4道，封缉宽度为0.8cm。此封缉方法适用于男式衬衫。 　　使用工具：单针平缝机。

2. 宝剑头袖衩

宝剑头袖衩在男衬衣袖口处运用较多,因形似宝剑头而出名。其缝制方法比直袖衩复杂。详细工艺步骤见表1-8。

表1-8 宝剑头袖衩的工艺图示

工艺内容	图 示	工艺方法及要求、使用工具
1. 裁配大、小袖衩	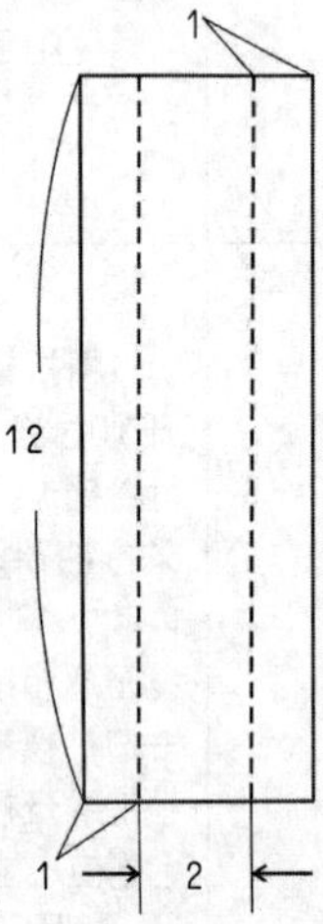 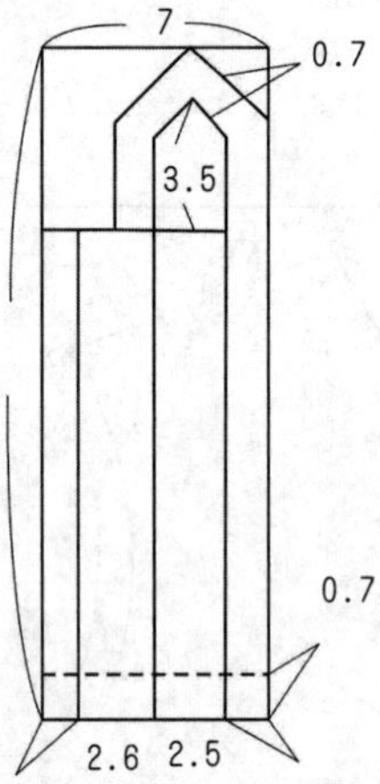 （小袖衩图示:1、12、1、2;大袖衩图示:7、0.7、3.5、0.7、2.6、2.5）	按图裁配小袖衩与大袖衩。袖衩长短可以按需选择,如有一种加长型袖衩就比普通袖衩长3cm左右,同时加长型袖衩必须在袖开衩中间加钉1~2粒小钮扣。 使用工具:剪刀。
2. 扣烫大、小袖衩	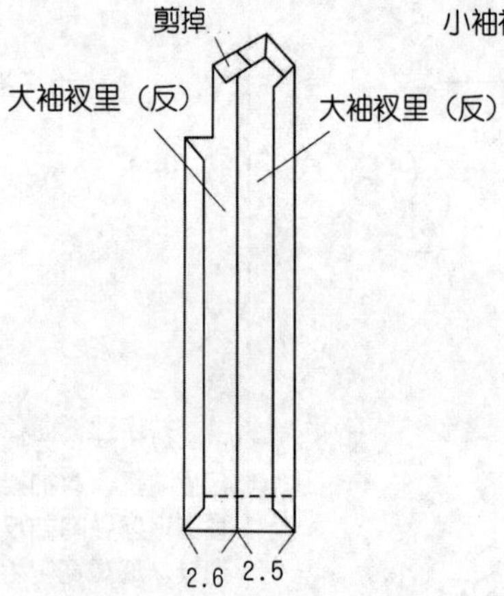 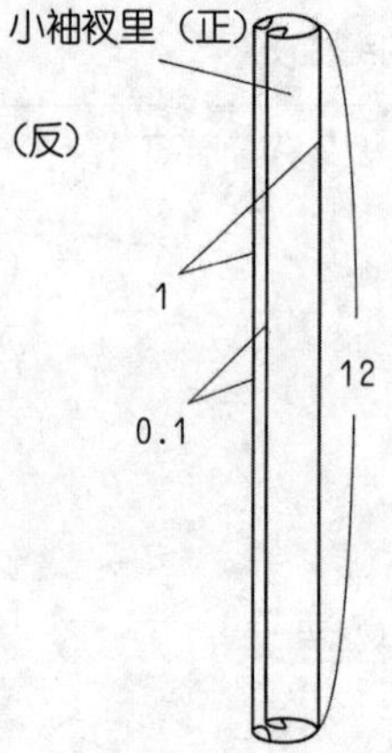 （图示标注:剪掉、大袖衩里(反)、大袖衩里(反)、2.6、2.5;小袖衩里(正)、1、0.1、12）	按照大袖衩缝份将两边折光,为了减少袖衩厚度,可将上端三角缝份重叠部分剪掉一些。 按图将小袖衩两边分别折光,上层袖衩面比下层袖衩里少折缝0.1cm,折光后小袖衩宽为1cm。 使用工具:熨斗。
3. 折转大袖衩	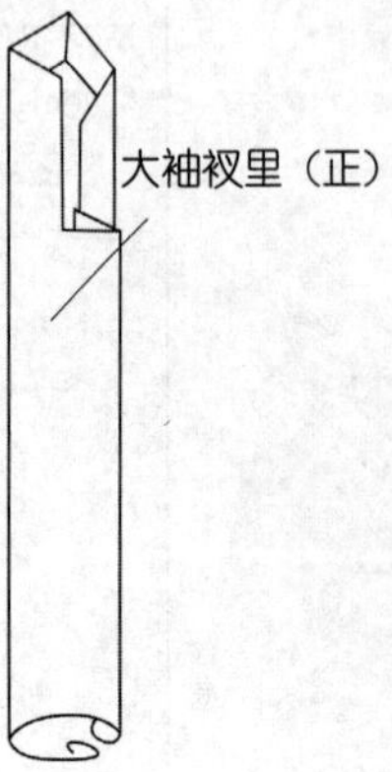 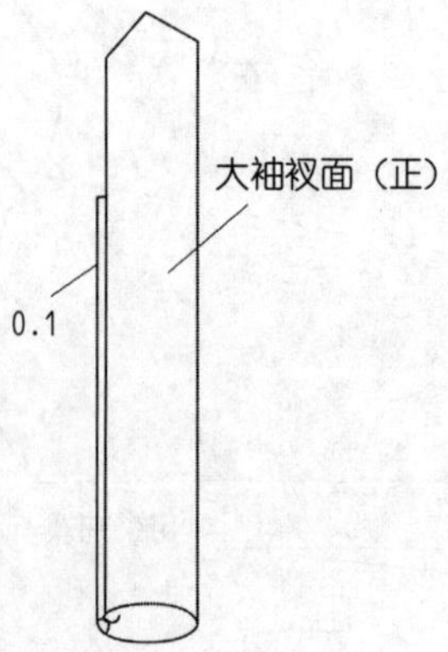 （图示标注:大袖衩里(正);大袖衩面(正)、0.1）	将经过扣烫后的大袖衩对折,上层大袖衩面要比下层大袖衩里少折缝0.1cm。 使用工具:熨斗。

工艺内容	图　　示	工艺方法及要求、使用工具
4. 开剪袖衩位	袖片（正） 前片缝　剪开　10　后袖缝 0.8	在衬衫袖片后袖缝下口规定位置开剪袖衩位，衩位长短必须与袖衩长短尺寸基本接近，一般为8～10cm。 　使用工具：剪刀。
5. 折转袖衩缝份	横向剪开0.5 袖片（正） 折转	先在袖片小袖衩方向横向开剪0.5cm缝份，然后将此缝份折转扣烫。 　使用工具：单针平缝机、剪刀。
6. 缝缉小袖衩	袖片（正） 0.1　0.1	将小袖衩折光缝份塞入横向剪开的0.5cm缝份，然后把小袖衩与折转袖衩位一起缝缉，缝份0.1cm。 　使用工具：单针平缝机。
7. 定位大袖衩	袖片（正） 对齐　袖大衩（反）	把大袖衩放入袖开衩中间，袖片中的袖开衩缝份高低位置必须与大袖衩位置对齐。 　使用工具：单针平缝机、熨斗。

工艺内容	图　　示	工艺方法及要求、使用工具
8. 缝缉大袖衩边线	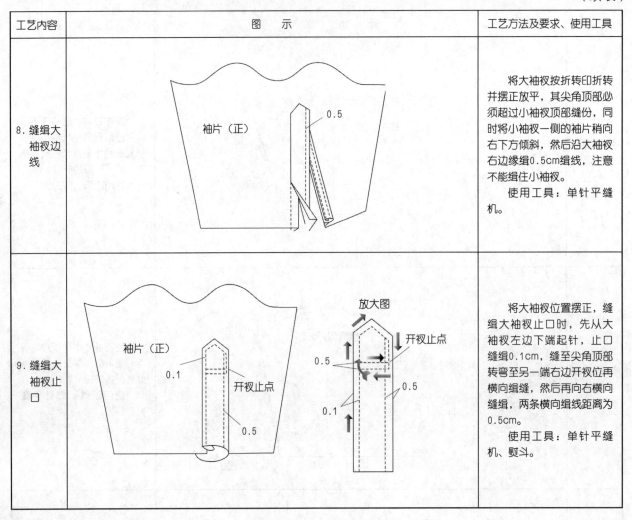	将大袖衩按折转印折转并摆正放平，其尖角顶部必须超过小袖衩顶部缝份，同时将小袖衩一侧的袖片稍向右下方倾斜，然后沿大袖衩右边缘缉0.5cm缉线，注意不能缉住小袖衩。 使用工具：单针平缝机。
9. 缝缉大袖衩止口		将大袖衩位置摆正，缝缉大袖衩止口时，先从大袖衩左边下端起针，止口缝缉0.1cm，缝至尖角顶部转弯至另一端右边开衩位再横向缉缝，然后再向右横向缝缉，两条横向缉线距离为0.5cm。 使用工具：单针平缝机、熨斗。

1.3.3 门襟缝制工艺

这里主要讲解连挂面外翻边门襟工艺的三种方法。

1. 方法一

将衣片毛缝裁好，沿前止口从反面向正面折 2 次（见图 1-8），然后熨烫平整，一般较窄的翻边每边缉单明线一道，用普通单针平缝机即可。较宽的翻边（或者客户有要求）的两边均缉双明线，工厂可使用双针缝纫机并安装辅件。如果是牛仔或其他帆布类衬衣，可考虑用双针链式平缝机。

这种方法对布料有一定的要求：① 由于是由反面折向正面，故要求面料正反面无明显区别才行。② 作这种连门襟要考虑到面料的门幅是否够用，因为此类服装在前中净缝上需要外放宽度每片为（搭门宽＋外翻门襟宽 ×2）= 8cm（搭门宽取 2cm，包含在翻门襟中间，门襟宽取 3cm），所以 114cm 门幅很难满足。图 1-8 中右图是一种省布的方法，也需要外放 6cm。

2. 方法二

将衣片裁好，正面朝上，黏合衬烫在反面门襟处，先将前止口向正面折转（折边反面朝上），然后在折边的基础上回折，正好到止口处（折边正面朝上），将缝份扣光在双层中间（或者再折到反面锁边）。然后熨烫平整，门襟两边缉单或双明线（见图 1-9）。

这种方法最主要的优点对布料正反面没有要求，因为成品全部是正面朝上。但是此方法裁片比上一种更加费料，需要再多加一个折进去的缝份，且没有省布的做法，至少需要比成品胸围多 9cm。另外，该方法对工艺要求也较高，主要是止口缝处，既要保证门襟有里外匀，即衣片不会反

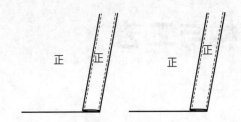

图1-8　连门襟外翻边（方法一）

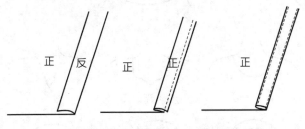

图1-9　连门襟外翻边（方法二）

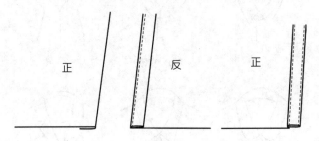

图1-10　连门襟外翻边（方法三）

吐出来，又要保证缝份完全扣倒到双层中间。

3. 方法三

这是一种给人以错觉的外翻边门襟，实际上门襟处只有两层。方法是：①将裁片裁好，正面朝上，在反面烫衬。②首先将衣片向反面折转2次，反面朝上，然后在最外层的折边处缝一道线，注意这条线的质量，也就是成品的明线宽度。③最后将衣片翻过正面，使贴边和正面衣片均朝上，并烫平整，再根据需要缉上其他明线（见图1-10）。

这种方法最大的好处就是门襟薄，因为比前两种方法少了一层，将衣片在门襟处（即搭门）省略了。此种门襟需要外放松量，每边为两个门襟宽＋1cm＝7cm折转量。其缺点是门襟中间及外口薄（2层），但内口厚（4层）。另外，如果工艺、面料等不到位容易造成反面折边毛出，影响服装质量。

思考与练习：
1. 如何对女装原型的侧缝差进行处理。
2. 对各种口袋和袖衩的缝制工艺进行练习。

第2章　衣领的结构与工艺

衣领结构由领窝和领身两部分构成,其中大部分衣领的结构包括领窝和领身两部分,少数衣领只以领窝部分为全部结构。衣领的结构不仅要考虑衣领与人体颈部形态及运动的关系,还要考虑设计所要表现出来的形式与服装整体风格相统一。

2.1　衣领结构设计及变化

2.1.1　衣领分类及基础领窝

1. 衣领的分类

1）无领（图2-1（a））

也称为领口领,无领身部分,只由领窝部分构成,以领窝部位的形状为衣领造型。根据领口前中心线处的构造可分为前开口型和前连口型两种。根据领窝的形状可分为圆形领、方形领、V形领、椭圆形领、鸡心领等。

2）立领（图2-1（b））

领身由领座和翻领两部分构成,且这两部分是分离的,依靠缝合相连的衣领。可分为单立领和翻立领两种,其中单立领只有领座部分,翻立领包括领座和翻领两部分。

3）翻折领（图2-1（c））

领身由领座和翻领两部分构成,这两部分相连成一体没有分缝。翻折领分为平领（无领座）、关门翻领（前领窝处钮扣扣上）、驳领（翻领部分和驳头部分一起翻折打开）。

2. 基础领窝

基础领窝即原型领窝,是衣领结构设计的基础。任何衣领结构设计都必须在基础领窝上进行结构变化。

1）基础领窝的人体属性

在人体上确定衣领的安装部位,即领窝部位。接近各种衣领安装部位的人体部位,自颈椎点（BNP）经过颈侧点（SNP）到前领窝点（FNP）,

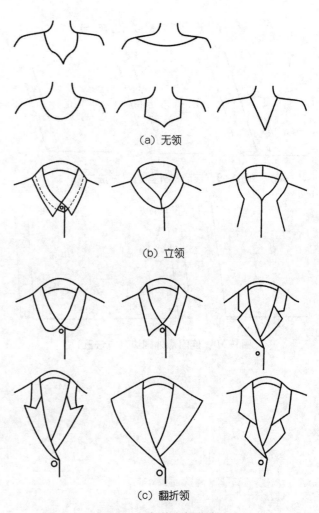

（a）无领

（b）立领

（c）翻折领

图2-1　各种衣领分类

这样形成的领围线称为基础领窝。将基础领窝加长加宽变形后才能构成具体款式的领窝。

基础领窝的静态特征和动态特征略有差异。由于稍微前倾的颈部有僧帽肌和胸锁乳突肌,其运动使颈部做前、后屈,侧屈以及回旋运动。据统计,颈部回旋运动时,左方最大可达74.2°,右方最大可达74.2°;做侧屈运动时,左方最大可达43°,右方最大可达41.9°;做前屈运动时,最大可达49.5°;做后屈运动时最大可达69.5°。这些运动伴之部位尺寸的变化和皮肤的伸展收缩,使颈围线也发生变化,但这样的变化数值较小,只在FNP和BNP两点附近产生动态变化（如图2-2（a）所示），一般不进行调整。故基础领窝的设计按与净胸围的回归关系式进行确定。这个回归关系只体现人体静态的颈围值，而将动态值忽略了。

2）基础领窝的结构模型

衣身的基础领窝线对应于人体的颈根围，即沿人体BNP～SNP～FNP～SNP～BNP的弧线轨迹。原型的领窝对应于人体的颈根围，故原型的领窝是最根本的基础领窝。一切领窝都在此基础上得到。在直接制图法中为使制图简洁，常先设定领围大N，然后按基础领窝结构模型制图。基础领窝结构模型和原型领窝模型不一定相同。

基础领窝结构模型的设计必须满足两个条件：

（1）基础领窝线的总弧长等于预定的领围大N；

（2）基础领窝线的总领窝宽除以总领窝深等于1.3～1.4，符合人体颈部的横纵之比。结构模型如图2-2（b）所示。

设SNP到点O为（7/40）N，点O到前颈点FNP为（8/40）N，点D到侧颈点SNP为（7/40）N，点D到后颈点BNP为（2/40）N，点O'到点O为（1/40）N，前肩斜角与后肩斜角之和为40°。且使点A到点O'的距离为SNP到点O的距离，点A到FNP为1/4圆，点B到BNP为点D到BNP，点B到SNP为1/8圆。

则前领窝弧长＋后领窝弧长＝
（1/40）N＋（1/4）×2π×（7/40）N＋
（2/40）N×（1/8）×2π×（7/40）N＝（3/40）N＋21π/160N≈（1/2）N

总领窝宽/总领窝深＝（7/40）N×2/[（2/40）N＋（8/40）N]＝1.4

通过检验可知基础领窝线的设计是符合前面两个条件的。

进行各类衣领结构设计时都必须先画出基础领窝线，然后才能进行变化。

基础领窝线有一个重要特征，即当领窝宽和深分别增加1cm时，领窝弧线增加2.4cm，如图2-2（c），故当增加量为a时，领窝弧长增加量约为2.4a。

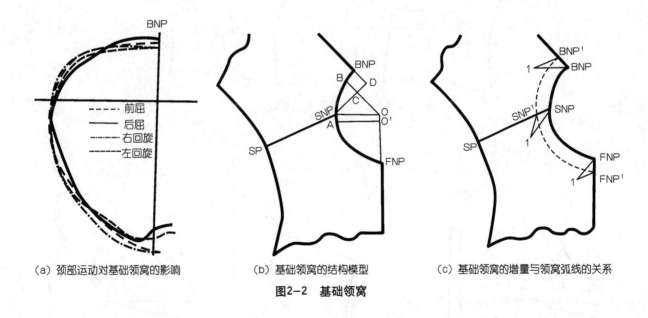

（a）颈部运动对基础领窝的影响　　（b）基础领窝的结构模型　　（c）基础领窝的增量与领窝弧线的关系

图2-2　基础领窝

2.1.2　无领的结构设计

1. 无领的概念及配制要点

无领结构是利用领口线进行装饰的一种领型，具有轻便、随意、简洁的独特风格。它是所有基本领型中较为简单的一种领子，它的变化只体现在领口线上。但从某种意义上说，无领的领口线结构要比有领的领口线结构更为关键，掌握领围线的合体、平衡比有领的显得更加重要，因为在有领的款式中有衣领遮盖，领口不显得突出，而在无领式款式中其领围线无遮无盖,直接暴露于外表,宽大领围线中容易出现前领线不合体荡开、前后领线不平衡等情况,使穿着者不得不随时把荡开的前领线往后移,试图取得暂时的平衡,但却无法改变前领荡开的尴尬局面。

无领的配置技术,主要是指前后领宽大小所涉及的服装合体、平衡、协调等问题。因为领宽点是服装中的着力点,如在配置中有所不当,必将产生不平衡的现象,并导致前领口中心线处起空、荡开、不贴体。

2. 无领的分类及浮余量处理方式

无领服装可分为两种形式,一种是前中开口,另一种是套头式。两者在结构处理上略有不同。

前中开口形式在结构上可用原型倾倒来解决前领口中心不服帖的问题,即将部分浮余量转到前中心处,以形成撇胸。

套头衫领口在配制前衣片时较开口的更为难些,因为前中心线无法去掉撇胸量,只有将撇胸量放在后领宽内消除。解决的方法可将后领宽开宽于前领宽,使前后领宽有个差数,这样,当肩缝缝合后,后领宽可将前领宽拉开,起到撇胸的作用,使前中心领口处贴体(见图 2-3)。前后领宽的差数随款式式样和面料性能而定。

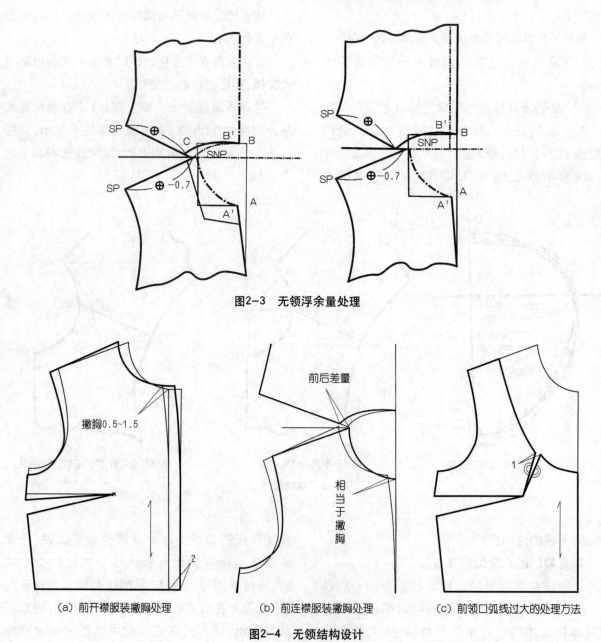

图2-3　无领浮余量处理

（a）前开襟服装撇胸处理　　（b）前连襟服装撇胸处理　　（c）前领口弧线过大的处理方法

图2-4　无领结构设计

3. 无领配制原则

用原型样板配制无领衫的领口时，必须遵循以下几个原则：

（1）无领开襟衫的打板，在制作前衣片时需倾倒原型，根据胸高程度留出0.5~1.5cm的撇胸量，将前中心线画成弧线，如图2-4（a）。无领套头衫的打板，在配制后衣片时，后领口宽尺寸需比前领口宽尺寸大，其量应根据款式和面料而定，如图2-4（b）。

（2）当前领口弧线过大时，则需在结构上进行处理，将领口弧线长收去1cm的省量，并将这个量转移到其它的省缝中去，如图2-4（c）。或者在肩缝去掉0.3~0.5cm。

（3）无领结构设计既受服装款式造型的制约，又要受到人体体形特征的影响。

在原型领口上，当直开领与人体颈部吻合时，对横开领作不同程度的增量处理，并通过对领窝形状的改变产生不同的视觉效果。横开领开宽量一般距离肩点3~5cm以保证领口造型的稳定性，当横开领大于16cm时考虑加吊带。

当横开领与人体颈部吻合时，对直开领作不同程度的增量处理，但增大领口开度一般不能超过胸罩的上口线，即胸围线上6cm左右。

（4）凡配制领宽窄的无领时，可以在原型基础上，对前后领宽同时增大1~2cm，（无论有肩省或无肩省都一样），使该领的前领宽小于后领宽0.3cm，保持领口部位的平衡、合体。凡配制领宽宽的无领时，应在原型基础上按肩线（小肩宽）的比例采取增大前、后领宽的方法，以达到衣领平衡、合体和防止前领口荡开的疵病。

4. 无领结构实例

1）V形无领（图2-5）

（1）画出原型结构图（东华原型、文化原型均可）。

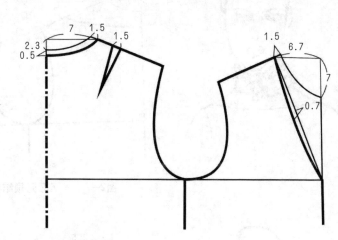

图2-5　V形无领结构图

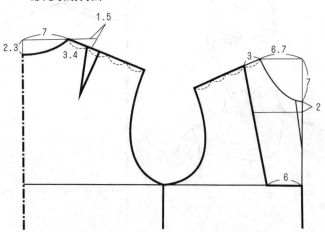

图2-6　方形无领结构图

（2）前领深开到胸围线处，前、后领宽均开大1.5cm，后领深开深0.5～1cm。

（3）按照领子开宽与开深数据，画出V字形状，前面凹进0.7～1cm。

2）方形无领（图2-6）

（1）画出原型结构图（东华原型、文化原型均可）。

（2）前后领宽分别在肩斜线上开宽3cm和3.4cm（均为前、后小肩的1/3），前领深根据款式图开成梯形（款式才会是方形）。

（3）按照领子开宽与开深数据，画出方形无领形状。

3）一字形无领（图2-7）

（1）画出原型结构图（东华原型、文化原型

均可）。

（2）前后领宽分别在肩斜线上开宽为前后小肩宽的2/3，前领深根据款式图比原型领深提高1cm。

（3）按照领宽与领深数据，画出一字形无领形状。

4）桃形无领（图2-8）

（1）画出原型结构图（东华原型、文化原型均可）。

（2）前后领宽分别在肩斜线上开宽1.5cm，然后根据款式图画出桃形形状。此款领型可以是前开口，也可以是前连口的套头形式。

（3）按照领子开宽与开深数据，画出桃形无领形状。

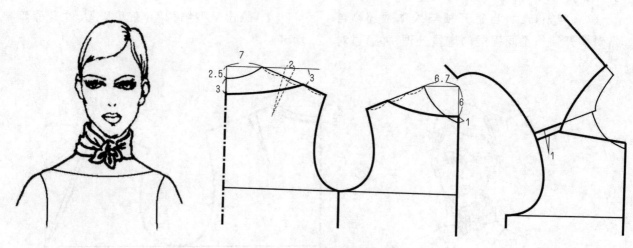

图2-7　一字形无领结构图

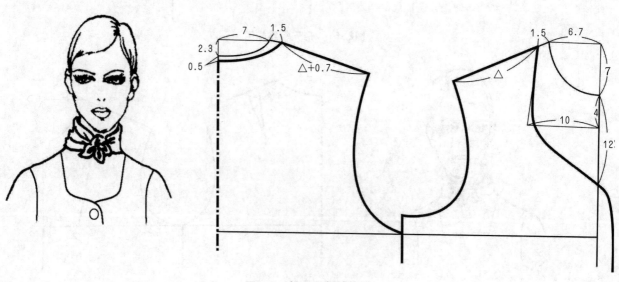

图2-8　桃形无领结构图

36

2.1.3 立领的结构设计

1. 立领的形成及分类

立领是呈直立状态围绕颈部一周的领,具有结构简洁、利落的特点,有较强的实用性。

人的颈部造型呈下粗上细的圆锥体,如用一块长方形的布料围在颈部一周,则领子的上口线将与颈部之间有一定的空隙,产生直立式的着装效果。此种领型为不合体的立领,但穿着舒适,活动自如,适用于休闲装。如将其领子的上口线缩短,领子就会贴颈,着装效果会变成内斜式的造型。在变化的过程中,我们不难发现,领底弧线也随之发生了变化,前领底弧线向上起了翘。内斜式的领子向上起翘一般在 1.5~2.5cm 之间,如果超过这个量,颈部就不便活动,更谈不上舒适性了。反之,如果将领上口线剪开拉展,使之变长,领子就会远离颈部,着装效果将变成外斜式的造型。而变化中,领底弧线向下弯曲了(见图 2-9)。

领口弧线发生了变化的内斜式领子,在衣身

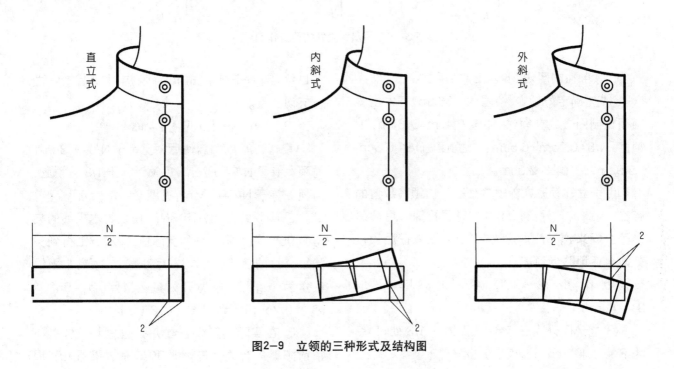

图2-9 立领的三种形式及结构图

上直接作图(称原身作图法),其具体制图步骤如下:

(1)画新的领口弧线。将肩线向外延伸,并画辅助线。

(2)画领子弧倾倒线。

(3)画领子的后中心线,并找到画领子外口线和领底弧线的辅助点。

(4)画领子的外口线和领底弧线(见图 2-10)。

内斜式立领的变化有很多形式,如单立领、翻立领、连身立领等。以上是两种内斜式立领的配制方法。立领除了领底弧线的变化外,还有领角、领宽及领外口线的变化,领角、领宽及领外口线

的变化会导致领子外形的变化,而领底弧线的变化则导致着装风格的变化,它是立领结构设计的关键。

外斜式领子与内斜式领相反,它是外口线加长,因而前领底弧线向下起翘或后领底弧线向上起翘,翘得越多,外口线越长,向外倾斜程度越大。如果过量,立领则立不住,会向下倒,演变成为有领座有领面的领子。

2. 各种立领的制图方法

以下领子都为内斜式立领,其中只有领座的为单立领,有领座和翻领的就是翻立领,领座和衣身连在一起的称为连身立领。

1)单立领的结构

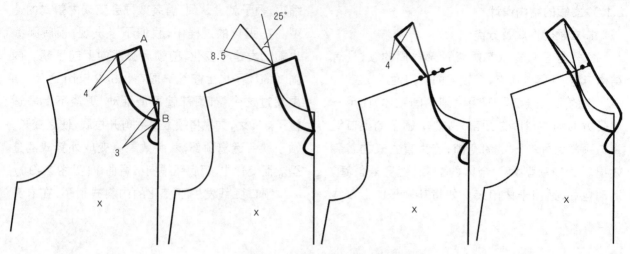

图2-10　内斜式立领的原身作图

（1）单独制图法（见图2-11）

① 先确定好领口，领围大 =36cm，基本型立领领口制图公式前领深：$N/5+0.4cm=7.6cm$；前领宽：$N/5-0.7cm=6.5cm$；后领宽：$N/5-0.3cm=6.9cm$；后领深：2.3cm。

由于立领领子在前领口处有一前领高数值的存在，因此前领深必须比原型开得更深。后领深对于立领来说一般取定值2.3cm，以保证后领口处能合适地贴近颈部。

② 作矩形 ABCD，$AB=N/2$，$AD=n_b$（取 3 ~ 4cm）；

③ 将 AB 分成三等分，E 点为右 1/3 处，F 点为 B 点上移 2cm 处，连点 E、F。

④ 作 GF 垂直于 EF，GF= 前领宽，前领宽比后领宽少 0.5cm 左右。

最后，将 AFGD 连成顺畅的弧线，立领制图完成（见图 2-11（b））。

（2）剪切展开制图法（见图 2-12）

① 按照领侧角 α_b、领前角 α_f、领座后宽 n_b、领座前宽 n_f，在实际领窝线 L_{1f} 和 L_{1b} 上作立领的投影线 L_{2f} 和 L_{2b}。

② 作矩形，长 =N/2，宽 = 领座宽，然后将矩形分成三等份。

③ 剪切拉展，使矩形上下长度分别为立领的实际领窝线和投影线。其中，使 $KK'=L_{2b}-L_{1b}$，$MM'=1/2（L_{2f}-L_{1f}）$，$II'=1/2（L_{2f}-L_{1f}）$。

④ 画顺领外轮廓线。内斜式单立领，拉展领下口线，而对于外斜式单立领，应对领上口线进行剪切拉展。

（3）配伍制图法（见图 2-13）

① 修正基础领窝使后领宽等于 $N/5-0.3cm$，前领宽等于 $N/5-0.7cm$，后领深等于 1/3 后领宽，前领深等于 $N/5+0.4cm$，见图 2-13（a）。

② 画斜线自点 A 至 SNP，使之与水平线的夹角为 95°，根据领侧角的实际值，在衣身上得到实际领窝线的 B 点，使 AB= 后领宽，与领窝水平线夹角为 α_b，此时领宽开大量可按照（$\alpha_b-95°$）/5° ×0.2cm 计算，见图 2-13（b）。

③ 在实际领窝线上画切线，注意切点位置与领前倾斜角有关。若趋向 90°，在效果图上表现为前领部位与衣身不处于一个平面，此时切点可画在 FNP 的位置上；若趋向 180°，在效果图上表现为前领部位与衣身处于一个平面，则切点可画在前领口弧线 2/3 的位置。前领部位平贴的程度越大，与前衣身处于一个平面的部位就越多，则切点位置越向上，见图 2-13（c）。

④ 画出领前部位造型，注意上口线的形状（直线还是曲线），见图 2-13（d）。

⑤ 以 D 点为圆心，以（N/2-*）为半径画弧，以 C 点为圆心，以（实际领窝 +0.3cm）为半径画弧，使两弧公切线上等于后领宽，见图 2-13（e）、（f）。

⑥ 检查领上口线长度。

领上口线长度是从第一粒钮扣（领长实际部

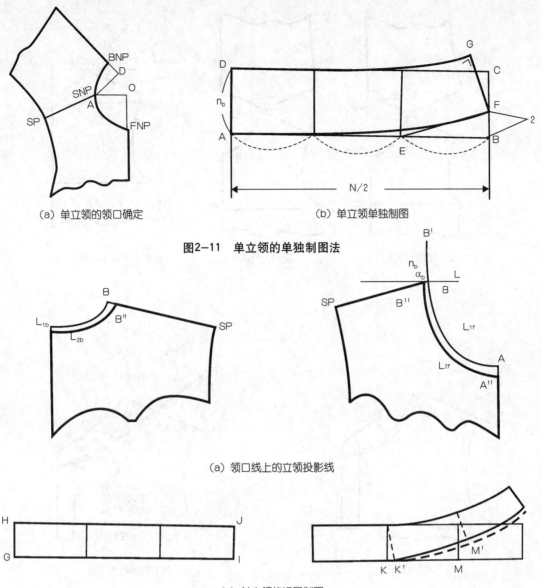

（a）单立领的领口确定 （b）单立领单独制图

图2-11 单立领的单独制图法

（a）领口线上的立领投影线

（b）单立领的切展制图

图2-12 单立领的切展制图法

位点）开始的。要求领上口线长度最后必须等于
N/2。此步中，如果领上口线小于N/2，则将领上
口线剪开稍拉展，画成外弧形；如果领上口线大
于N/2，则将领上口线稍进行折叠，画成内弧形。
图2-13（g）便是将领上口线折叠的情况。在改
变领上口线长度时，前领部位造型不可更改，不
能进行变形。

⑦ 检查后领部位的形状。

当$\alpha_b \leqslant 95°$ 时，后领部位应呈向下口倒伏
的形状。

当$\alpha_b > 95°$ 时，后领部位应呈平直或向上
口卷曲的形状。

若不符，则将前部实际领窝线减小或开大直
到形成所应有的后领部形状。

立领在进行结构设计时要把握住几个要点：

① 领子起翘量大小的确定。

从人体体形特征可知，人体颈部在站立时
略向前倾斜一角度（颈斜度男性约17°，女性约
19°），且其形状呈上小下大的圆台状，侧面圆台
与肩部水平即领侧角呈96° 左右。把颈部圆台
表面积展开后成一扇形。因此领子的穿着和领
围的测量不是处于水平位置，根据理论测算，基
本型立领的起翘量约为6°。抱脖型立领为9°（见
图2-14）。

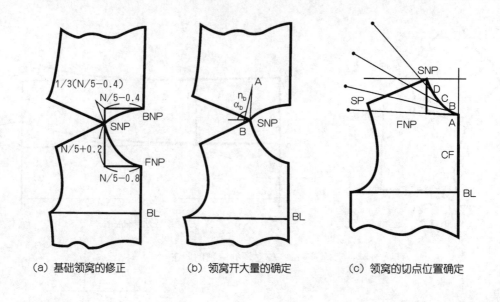

（a）基础领窝的修正　　　　（b）领窝开大量的确定　　　（c）领窝的切点位置确定

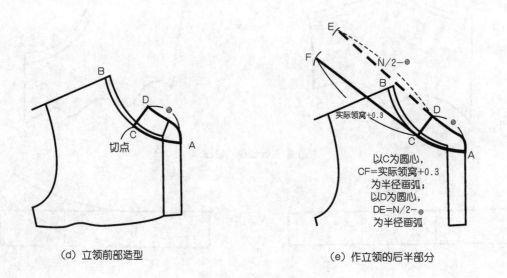

（d）立领前部造型　　　　　　　　　　　　（e）作立领的后半部分

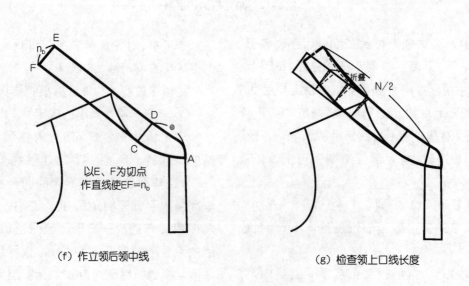

（f）作立领后领中线　　　　　　　　　　　（g）检查领上口线长度

图2-13　单立领的配伍制图法

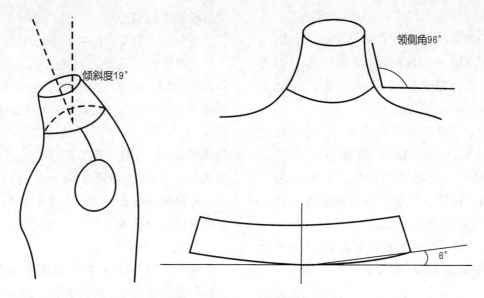

图2-14 人体颈斜度与衣领起翘量的关系

② 前领宽线相对于垂直线夹角的确定。

按照人体需求其角度为27°左右，如果角度太大或太小，在穿着时前领的左右中心线将不能很好地吻合，影响穿着效果（见图2-15）。

③ 前后领宽宽度的确定。

根据人的头部活动规律来说，后领宽度应大于前领宽度，但均不能大于人体脖子长度。（见图2-14）

2）翻立领的结构

对于翻立领来说，就是在单立领的基础上再配上翻领部分，其结构图也可以分为单独制图法和剪切展开制图法两种。

（1）单独制图法（如图2-16）

① 在领座后中向上量取一定的翻领倒伏量，（其大小视领座前部上口造型而决定，领上口线形状为圆弧形时，倒伏量大，领上口线形状为直线

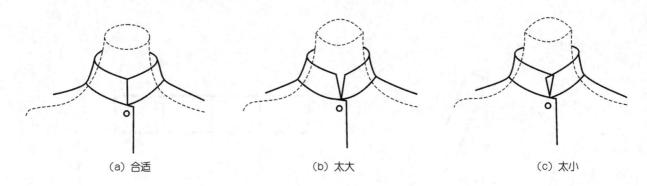

（a）合适   （b）太大   （c）太小

图2-15 衣领前领夹角与人体的关系

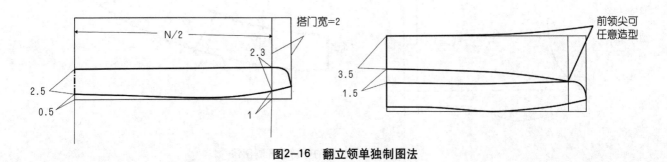

图2-16 翻立领单独制图法

时，倒伏量小）作矩形，长 =N/2，宽 = 翻领宽 m_b。

② 作翻领前部造型，前部造型可以自由设计。

③ 检验领座上口线和翻领下口线的长度，要求翻领下口线比领座上口线长 0 ~ 0.3cm，以利于在工艺制作中做出里外匀。

一般来说，翻领宽应大于领座宽，翻领宽（m_b）一般为 3.7 ~ 4.5cm，领座宽（n_b）一般为 3 ~ 3.5cm，且两者的差异不能过大，一般为 0.7 ~ 1cm。这种差值既保证了领座不从领上口线反吐，又保证领下口线没有爬领（翻领盖不住领座）的现象。而对于领座而言，一般领座后宽（n_b）大于领座前宽（n_f），差值一般为 0.5 ~ 1cm。

（2）剪切展开制图法

① 按照配伍法作出翻立领的领座，如图2-17 所示。

② 作矩形，长 =N/2+0.2 ~ 1cm（翻领上口松量），宽 = 翻领宽（m_b），然后将矩形分成四等份，剪切拉展分别在等分中加上 0.6(m_b-n_b)。0.6（m_b-n_b）是最大的加放松量。

③ 作出翻领前部造型，使翻领前宽 = m_f。

在加入加放松量时，应该根据领座前部造型上口形状分别加入不同的量：

• 领座前部造型上口线为圆弧形时，翻领的下口前端应放 0.6（m_b-n_b）的松量。

• 领座前部造型上口线为部分直线、部分圆弧形时，翻领的下口前端应放小于 0.6（m_b-n_b），其数量应视图上口前端的直线与圆弧长的比例而定；若比例约为 1：2，则取 0.3（m_b-n_b），若比例小于 1：2，则取大于 0.3（m_b-n_b）的量；若比例大于 1：2，则取小于 0.3（m_b-n_b）的量。

• 领座前部造型上口线为直线时，翻领的下口前端应放的松量为 0，即基本不放松量。

3）连立领结构

连身立领俗称连撑领，是指立领与大身领口相连的组合式衣领。如常见的敞开穿着立领中的立驳领、驳口立领；关闭穿着的松身立领、多用领等。它们均有成为连身立领的可能。

连身立领的构成特点：从关闭式立领知道，立领在穿着时的颈肩处造型倾斜度，与平面制图中的立领起翘量所呈角度的一致性，以及立领的造型与人体颈斜度的一致性，是解释立领造型与人体关系的重要依据。

从连身立领的三种组合形式中可了解立领造型与人体间的关系和解决立领与大身领口组合中的相互重叠关系两大内容。图2-18 为立领的

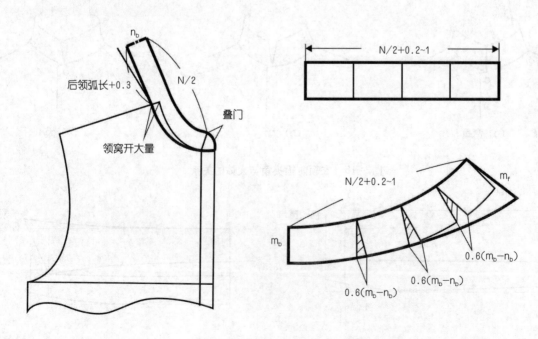

图2-17　翻立领的剪切展开制图法

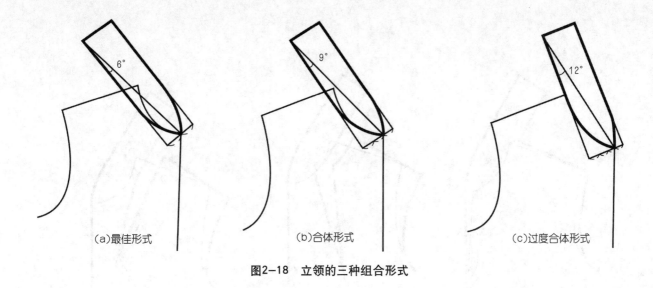

(a)最佳形式　　　　(b)合体形式　　　　(c)过度合体形式

图2-18　立领的三种组合形式

三种组合形式,即最佳形式、合体形式、过度合体形式。

　　凡起翘量约6°的立领与大身领口组合时,领与大身的重叠量为该领宽的1/2,该领型在穿着时立领与颈部之间留有一定的间隙,为合体性和舒适性均好的最佳连身立领形式。但是由于该立领与大身之间的重叠量大,所以在解决相互重叠,量关系时存在一定的难度。

　　凡起翘量约9°的立领与大身领口组合时,领与大身的重叠量为该领宽的1/3,该领型在穿着时立领与颈部之间的间隙小,为合体性好,舒适性稍差的合体连身立领形式。但是由于该立领与大身之间的重叠量小,所以在解决相互重叠量关系时要相对容易一些。

　　凡起翘量约12°的立领与大身领口组合时,领与大身间无重叠量,呈互补吻合状。该领型在穿着时立领紧靠脖子无间隙松量,为舒适性很差的过度合体连身立领形式,改善穿着舒适性成为该领型的主要技术内容。

　　连身立领如何处理领、身之间的重叠量呢?应该根据款式、面料特性等来选择相适应的工艺技术,如分割、归拔、收省等技术,合理地解决连身立领结构,达到造型与合体、舒适性完美统一的境界。

　　在最佳连身立领中,由于立领与大身重叠量很大,所以可以分别应用肩分割和领分割技术来

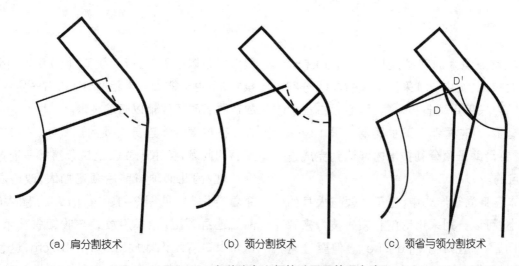

（a）肩分割技术　　　　（b）领分割技术　　　　（c）领省与领分割技术

图2-19　各种连身立领的重叠量处理方法

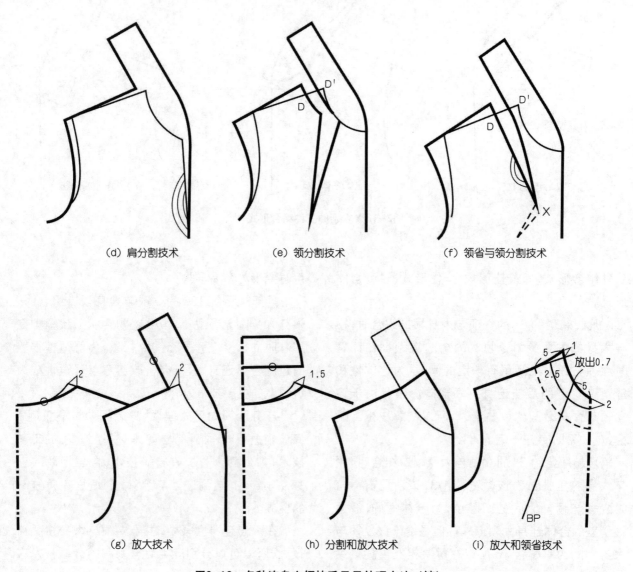

（d）肩分割技术   （e）领分割技术   （f）领省与领分割技术

（g）放大技术   （h）分割和放大技术   （i）放大和领省技术

图2-19　各种连身立领的重叠量处理方法（续）

合理地解决重叠量大的问题，图 2-19（a）、（b）即是采用此技术，图中（c）采用了领省与领分割的技术。因为只采用领省技术的话，后领口虽然与立领分离了，但若两者 DD′ 的距离小于 1.5cm 时，仍然需要借助于领分割技术才能达到完成连身立领的目的。

在合体连身立领形式中，由于立领与大身的重叠量较小，可以分别采用劈门和领省技术来解决重叠量问题，见图 2-19（d）、（e）。但要注意的是，采用劈门技术时应注意面料的可塑性，一般劈门量以小于 1.5cm 为宜。（f）采用的是领省技术，但由于领省省尖距离 BP 点有一定的距离，故在收省时还要辅以归缩技术。

在过度合体连身立领的形式中，不存在领身重叠的问题，但由于立领上口紧靠脖子而产生不舒适性，因此必须将前后领宽加大，改善衣领的穿着舒适性，见图 2-19（g）、（h）。图中（i）为前后连身领型，除采用放大与收领省技术外，并在领上口有意识地放出 0.3 ～ 0.7cm，这也是为了改变领上口使其不至于太紧的技术。

3. 立领的实例分析

1)领前为直线形的单立领

款式及结构图见图2-20,制图步骤如下:

(1)在基础领窝上作出实际领窝线的后部及侧部造型。

(2)定出前片领窝线的实际位置和领前部造型。

(3)拉展领上口线使之等于N/2。

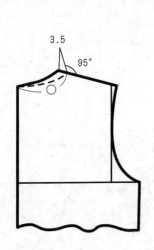 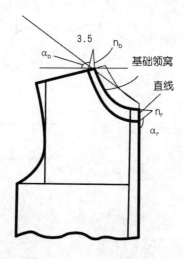 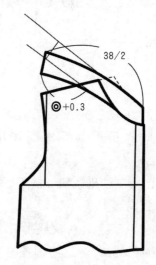

图2-20　直线形单立领结构

2)领前型为圆弧形的单立领

款式及结构图见图2-21,制图步骤如下:

(1)在基础领窝上作出实际领窝线的后部及侧部造型。

(2)定出前片领窝线的实际位置和领前部造型。

(3)拉展领上口线使之等于N/2。

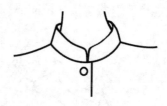

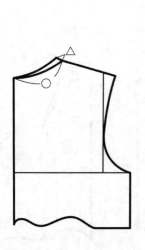 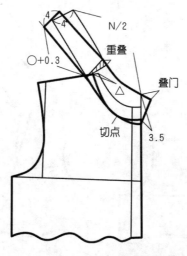 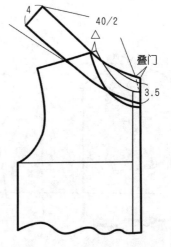

图2-21　圆弧形单立领结构

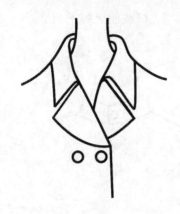

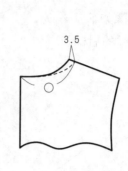

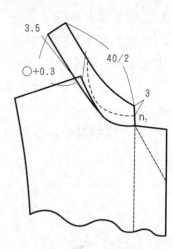

3) 拿破仑领

此款领型为翻立领连接驳头部位(见图 2-22)。

(1)在基础领窝上按照后领宽和领侧角定出实际领窝线。

(2)在实际领窝线上作切线,长=实际领窝线+0.3cm,然后将领座进行变形,使上口线长=N/2。

(3)作矩形,长=领座上口长,宽=6cm,将矩形四等分,下口均加大0.6(6-3.5)=1.5cm的松量,在前领部按效果图作出翻领前部造型。

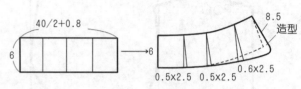

图2-22 拿破仑领结构

4)连身立领

衣领需要立起来,就要求领口线处小于领上口线,此处将浮余量转至领省处,然后在领上口线处需要加大,加入量=N基—N上,然后将前后片进行拼合修正(见图2-23)。

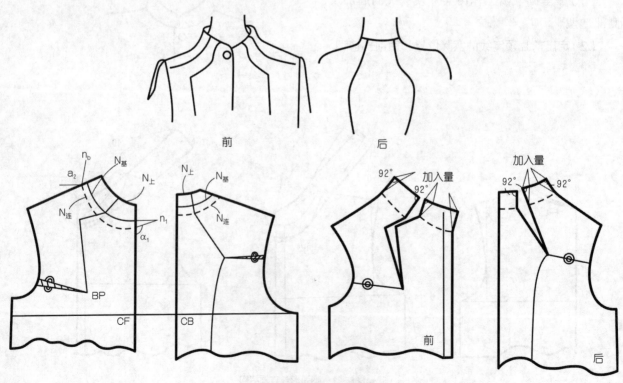

图2-23 连身立领结构

2.1.4 翻折领的结构设计

1. 平领的结构设计

平领又可称为坦领，它的特点是有不同造型的翻领领片，但无领座宽（有时仅有很窄的领座，目的是为了增强领片的立体感，使制成的领子在领口接缝处有里外匀，而不至于吐露止口）。这种领形以前在儿童服装中经常应用，以适应儿童脖子较短的特点。现在已经被广泛应用于各类女装。

平领结构设计方法一般是重叠衣片的简易配领法。其具体步骤如下：

（1）根据不同平领造型需要，在原型领口上修改前后领口弧线，一般平领的前后领宽都比原型大。

（2）将经过修改后的前后片重叠在一起，SNP点对齐，在前后片的肩端点处重叠一定的量（重叠量与领宽和前领深有关）。

（3）按重叠之后的领口弧线，再按图作出相呼应的领子弧线。在后领中点处，领外口弧线稍减短 0.5 ~ 1cm。此值一方面取决于领片的立体效果，取值大者立体效果明显；另一方面与肩端点的重叠量大小有呼应关系，取值大时重叠量需大些。

（4）如果为套头衫，需要注意领口弧长一定要大于头围。女性标准体的头围尺寸是 54 ~ 55cm。

平领的前后肩部重叠量不是固定不变的，而是根据领型条件的变化作相应的变化，规律如下：凡在前领深相同的条件下，窄翻领肩部重叠量大，宽翻领的肩部重叠量小，如月牙边袒领、铜盆袒领。凡在翻领宽尺寸相同的条件下，前领深深时肩部重叠量小，浅时肩部重叠量大，如海军领，双层披肩领。

2. 关门翻领的结构设计

关门翻领俗称关门领，是指穿着时适宜关闭的翻领型。这种领大都是由相连的领座与翻领共同组合而成。在关闭穿着时具有庄重、严肃的风格特征和保暖、防护等实用功能；在敞开穿着时又具有潇洒、大方的风度和实现随意组合等装饰功能。它被广泛地应用于春、夏、秋、冬四季的服装和各式内、外衣。

在现今的服装设计中，基本型关门翻领现运用得很少，变化的关门翻领运用得较多。变化的关门翻领的特点是前领深变化量范围很大，而领宽的变化量范围较小。前领深变化量究竟怎样取值？这主要取决于服装设计师对款式的整体要求。由于基本型关门领领口是以人体体形的基本特征为出发点进行结构设计的，因此，变化的关门翻领应在基本型的领口上进行变化（见图2-24）。

3. 驳领的结构设计

1）驳领的概念

驳领也称西服领，它在各种领型中属于变化较多、结构较复杂的一种领型，具有其他领型结构的综合特点。其领座、领面和驳头三者之间有着密切的关系，既相互联系又相互制约。领座、领面的宽、驳头的止点三个要素同时制约着衣领的结构形状，只要其中有一个发生变化，衣领造型也就随着产生变化。要使不同造型的驳领领子平整地覆盖于人体的前胸坡度上，应要求领子外口弧长与相对应的衣片上弧长相吻合。倘若领子的弧长过大，则驳领的驳头将不能平坦地贴服于衣片而产生漂浮状；倘若领子外口弧长过小，则驳领的弧口拉紧，当第一粒钮扣不扣时，驳口点会向下位移而影响造型设计，严重时会使衣片弧线产生褶皱而影响衣片质量。驳领结构设计中有两个主要的设计要素，即基点和翻领松量。

2）基点的确定

基点是驳领重要的设计要素之一（图2-25）。当驳领的领座与水平线夹角 < 90° 时，呈不贴合颈部的状态，当驳领的领座与水平线夹角 = 90° 时，呈较贴合颈部的状态，驳领的领座与水平线夹角 > 90° 时，呈很贴合颈部的状态。无论哪种状态，在平面图上均可通过 SNP 作 A ~ SNP 线，使其与水平线的夹角为 α_b，使 A ~ SNP=n_b，作 AB=m_b，AB 在肩线的延长线上的投影为 A'B，A' 为翻折基点。从中可以看出：

（1）翻折基点可视为驳领的立体形状在肩线延长线上的投影。

（2）通过计算可得：当 α_b < 90° 时，翻折基点 A' 的位置位于 SNP 外 < 0.7n_b（见图2-25（b））；当 α_b = 90° 时，翻折基点 A' 的位置位于

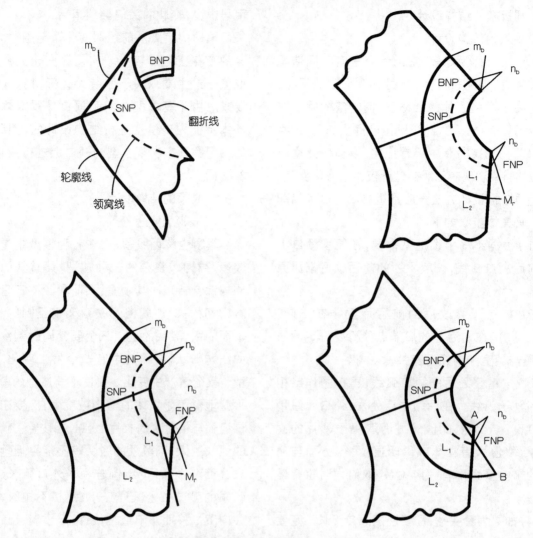

图2-24 关门领结构

SNP 外 $0.7n_b$（见图 2-25（c ））当 $\alpha_b > 90°$ 时，翻折基点 A' 的位置位于 SNP 外 $> 0.7n_b$（见图 2-25（d ））。

3）翻领松量的确定

翻领松量是翻驳领外轮廓线为满足实际长度而增加的量，当使用角度计算时称为翻领松度，是平面绘制驳领结构图最重要的参数，也是驳领结构设计要素之一。

翻领松量与材料厚度有密切的关系。材料厚度对翻领外轮廓线的长度具有影响，经实验得到材料厚度与翻领松量呈以下关系：

受材质影响的翻领松量 $= a \times (m_b - n_b)$

其中：a 根据材料厚薄来取值，材料很厚时取 0.3，材料很薄时取 0.1 或 0。所以对于不同厚度的材料，翻领松量需加上 $(0 \sim 0.3)(m_b - n_b)$ 的材料厚度影响值。

翻领松量的精确求法：后领部安装在衣身上后，形成翻领立体形态外轮廓线长与领座下口线长之间有差值，这个差值就是翻领松量。在绘制前领身结构图时，将前领身按照翻折线对称翻折，由于领外轮廓线长与领下口线长的差为翻领松量，故在实际制图时，只需测得此两根线的差再加上材料厚度影响值到领外轮廓线中便可（图 2-26）。

4）驳领的结构设计

为准确地绘制出领子和驳头的结构图，可先在衣片上画出衣领与驳头的款式图，确定串口线的高低和倾斜角度，然后采用轴对称方法，将领

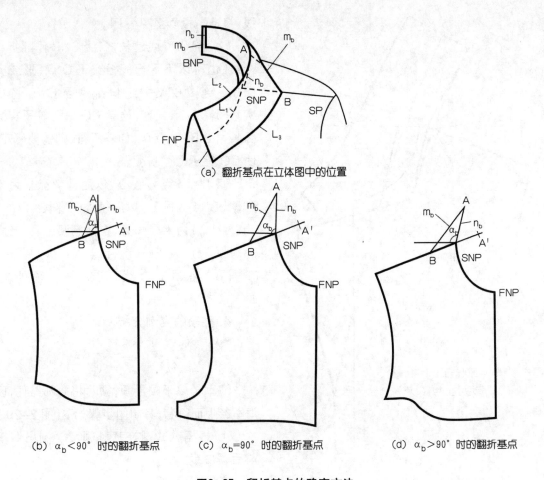

（a）翻折基点在立体图中的位置

（b）$\alpha_b < 90°$ 时的翻折基点　　（c）$\alpha_b = 90°$ 时的翻折基点　　（d）$\alpha_b > 90°$ 时的翻折基点

图2-25　翻折基点的确定方法

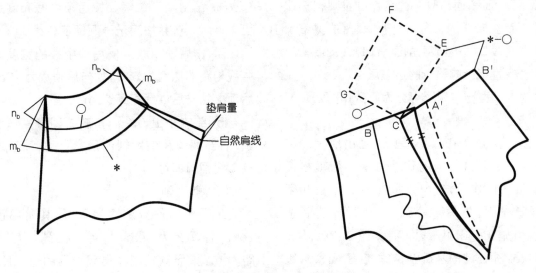

图2-26　翻领松量的确定方法

子形状以翻折线为对称轴进行反转，这种方法既直观又准确。

在配制驳领时，驳折线较为关键，它是驳头止点 e 点与后领座宽 d 点的连线，在经过颈侧部时，还需通过翻折点，即 f 点（图2-27）。

领座的宽度一般为 2.5 ~ 4.5cm，过宽会影

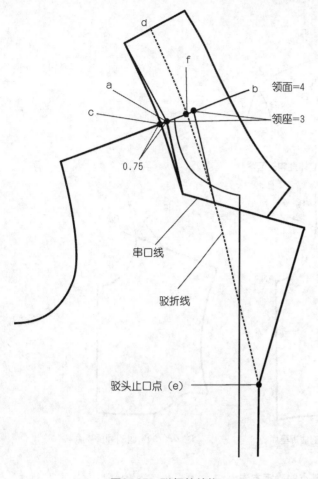

图2-27 驳领的结构

响颈部活动，而领面与驳头的止点位置则根据服装造型而定。驳头的长短、搭门和领座的宽窄都会直接影响驳口线的倾斜角度。串口线的高低及倾斜角度会直接影响领子的造型风格。

驳领基本型结构制图可分为原身作图法和反射作图法。

反射作图法是在衣身领窝上画出前领轮廓造型后，投影至另一侧的作图方法。翻领松量可以按照几何作图法，分别取外轮廓弧长和领下口线长画弧，然后画两弧的公切线，使后领宽 $=n_b+m_b$，然后画顺弧线即可（如图2-28）。

（1）画领围 N 的基础领窝线，在基础领窝线的 SNP 点处作 α_b、n_b、m_b，并在肩缝延长线上取 A'B=AB=m_b，得到翻折基点 A'。

（2）根据效果图取翻折止点 D，连接翻折基点 A' 和翻折止点 D，画直线状翻折线及前领外轮廓造型。

（3）将右侧的外轮廓造型以翻折线为基准

线，将造型投影至另一侧。

（4）将串口线延长，与经 SNP 作翻折线的平行线（也可以不平行），相交于 O 点，形成实际领窝线。连接 B'A' 并延长 n_b 长至 C 点，将 C 点与实际领窝 O 点相连，检查 CO 是否等于实际领窝弧长 –(0.5 ~ 1)cm，如若不符，则需要修正 C 点，使 CO 等于上述长度。

（5）以 C 点为圆心，以后领窝弧长为半径画弧，以 B' 点为圆心，以后领外轮廓长 +(0 ~ 0.3)(m_b – n_b)为半径画弧，在两圆弧上画切线，切点分别为 E、F，使 EF=m_b+n_b。

（6）将领下口线、翻折线及领外轮廓线画顺。

4. 翻领的实例分析

1）平领

（1）海军领

海军领属于阔平领，领片将肩部盖住，因装于海军衫上而得名，其制图步骤如下（图2-29）：

① 根据款式图在基础领窝上制出海军领的前后领口线。

② 重叠前后衣片肩部。根据图示在肩端点重叠 0.5cm，使领围线处后肩缝长出 0.5cm。

③ 绘制领下口线。按后领中线和侧颈点放出 1cm 作点，并按图示画顺领下口线。

④ 作后领中线。使后领中线的宽度与后片中线相距的比例为 6:1，当后领宽为 12cm 时，后领上端与后中线相距 2cm。

⑤ 绘制领上口线。按款式图分别作出后翻领、肩部翻领及前翻领的形状尺寸，然后连接各点弧线画顺即可。

（2）鹅形领

此领形制作方法同海军领，其肩部重叠为 2cm；后领宽为 6cm 时，后领上端与后中线相距 1cm；按照款式图作出鹅形领的形状即可（图2-30）。

2）翻领

（1）波浪领

此领形虽然属于翻领，但制作方法可以参考平领，该领形由于要制作出波浪，前后片连接时不是重叠肩部，而是拉开一定的量，开量与衣领

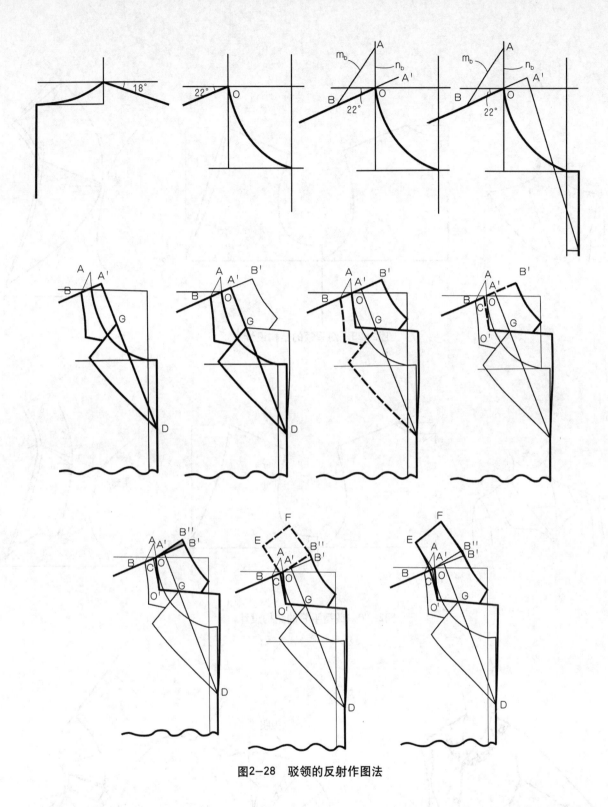

图2-28　驳领的反射作图法

宽度及波浪大小有关；在前后衣片合并画出衣领后，再将衣领的外口剪开拉展出所需要的波浪（图2-31）。

（2）娃娃领

该衣领可以采用单独制图或者在衣片上直接制图的方法（见图2-32）。

（3）圆弧形驳领

该款衣领采用反射作图法制作。在衣身领窝上画出前领轮廓造型后，投影至另一侧（图2-33）。

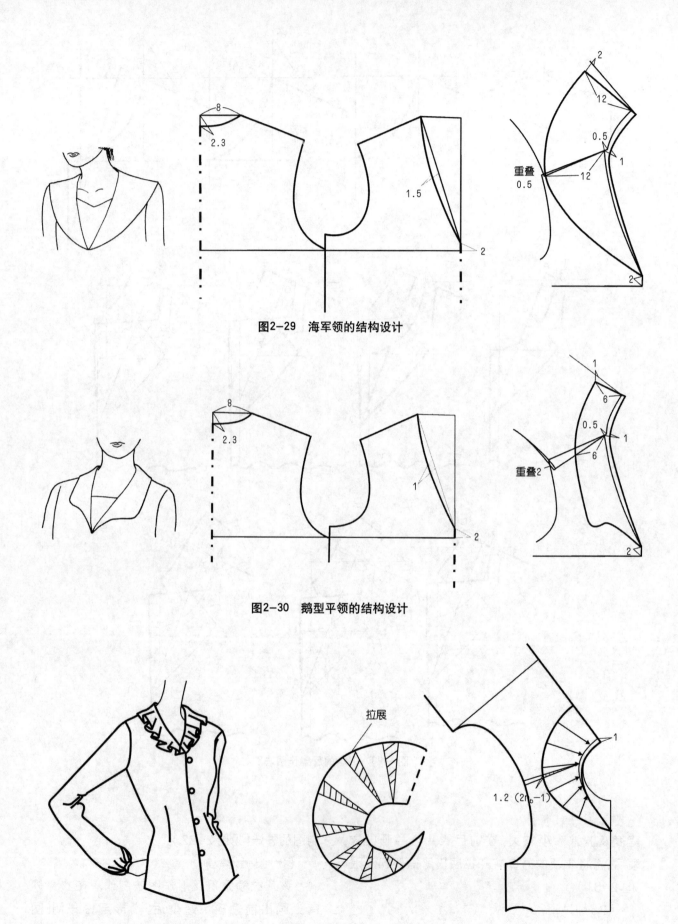

图2-29　海军领的结构设计

图2-30　鹅型平领的结构设计

图2-31　波浪领的结构设计

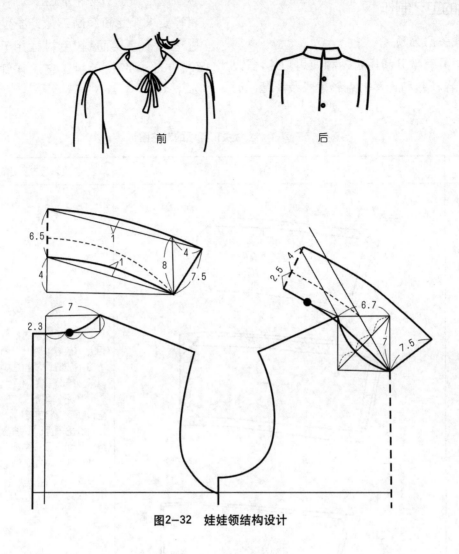

图2-32 娃娃领结构设计

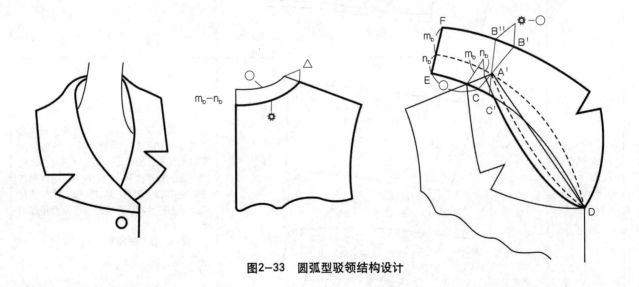

图2-33 圆弧型驳领结构设计

2.2 衣领的工艺制作

2.2.1 女式关门翻领

此翻领具有敞开和闭合两种使用功能,多见于女衬衫、春秋衫和男女夹克衫等服装。缝制时必须满足领子对称平服、止口不外露和领角不反翘等要求。此领缝制工艺分净衬和毛衬工艺,净衬适用于厚实面料,毛衬适用于薄料服装的制作,在此介绍其毛衬工艺。详细工艺步骤见表2-1。

表2-1 女式关门翻领的工艺图示

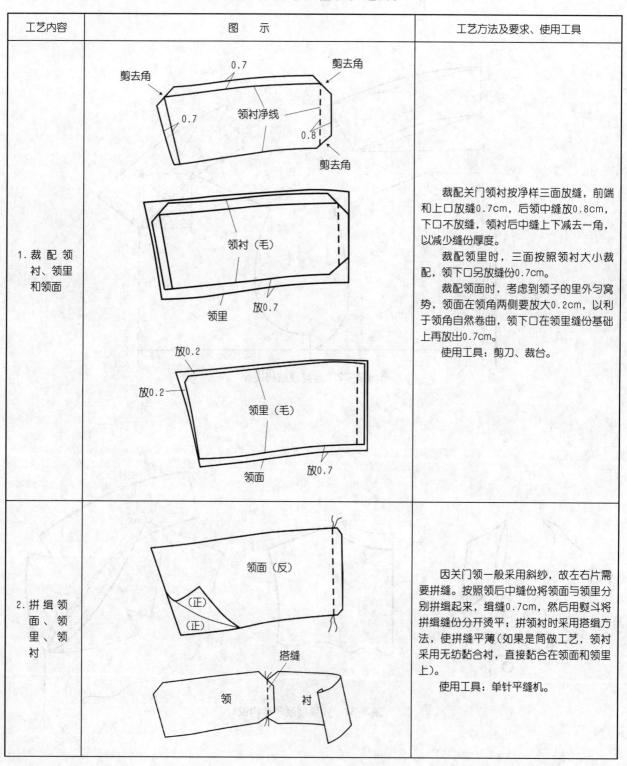

工艺内容	图　示	工艺方法及要求、使用工具
1. 裁配领衬、领里和领面		裁配关门领衬按净样三面放缝,前端和上口放缝0.7cm,后领中缝放0.8cm,下口不放缝,领衬后中缝上下减去一角,以减少缝份厚度。 裁配领里时,三面按照领衬大小裁配,领下口另放缝份0.7cm。 裁配领面时,考虑到领子的里外匀窝势,领面在领角两侧要放大0.2cm,以利于领角自然卷曲,领下口在领里缝份基础上再放出0.7cm。 使用工具:剪刀、裁台。
2. 拼缉领面、领里、领衬		因关门领一般采用斜纱,故左右片需要拼缝。按照领后中缝份将领面与领里分别拼缉起来,缉缝0.7cm,然后用熨斗将拼缉缝份分开烫平;拼领衬时采用搭缉方法,使拼缝平薄(如果是简做工艺,领衬采用无纺黏合衬,直接黏合在领面和领里上)。 使用工具:单针平缝机。

54

工艺内容	图 示	工艺方法及要求、使用工具
3. 缝合领面、领衬、领里	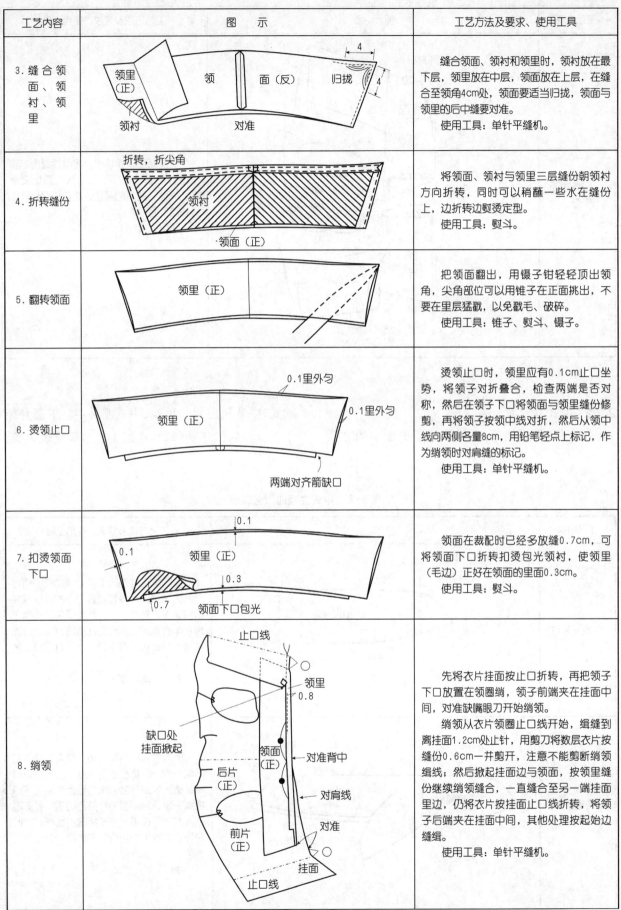	缝合领面、领衬和领里时，领衬放在最下层，领里放在中层，领面放在上层，在缝合至领角4cm处，领面要适当归拢，领面与领里的后中缝要对准。 使用工具：单针平缝机。
4. 折转缝份		将领面、领衬与领里三层缝份朝领衬方向折转，同时可以稍蘸一些水在缝份上，边折转边熨烫定型。 使用工具：熨斗。
5. 翻转领面		把领面翻出，用镊子钳轻轻顶出领角，尖角部位可以用锥子在正面挑出，不要在里层猛戳，以免戳毛、破碎。 使用工具：锥子、熨斗、镊子。
6. 烫领止口		烫领止口时，领里应有0.1cm止口坐势，将领子对折叠合，检查两端是否对称，然后在领子下口将领面与领里缝份修剪，再将领子按领中线对折，然后从领中线向两侧各量8cm，用铅笔轻点上标记，作为绱领时对肩缝的标记。 使用工具：单针平缝机。
7. 扣烫领面下口		领面在裁配时已经多放缝0.7cm，可将领面下口折转扣烫包光领衬，使领里（毛边）正好在领面的里面0.3cm。 使用工具：熨斗。
8. 绱领		先将衣片挂面按止口折转，再把领子下口放置在领圈绱，领子前端夹在挂面中间，对准缺嘴眼刀开始绱领。 绱领从衣片领圈止口线开始，绱缝到离挂面1.2cm处止针，用剪刀将数层衣片按缝份0.6cm一并剪开，注意不能剪断绱领绱线；然后掀起挂面边与领面，按领里缝份继续绱领缝合，一直缝合至另一端挂面里边，仍将衣片按挂面止口线折转，将领子后端夹在挂面中间，其他处理按起始边缝绱。 使用工具：单针平缝机。

工艺内容	图 示	工艺方法及要求、使用工具
9. 缉缝领面下口	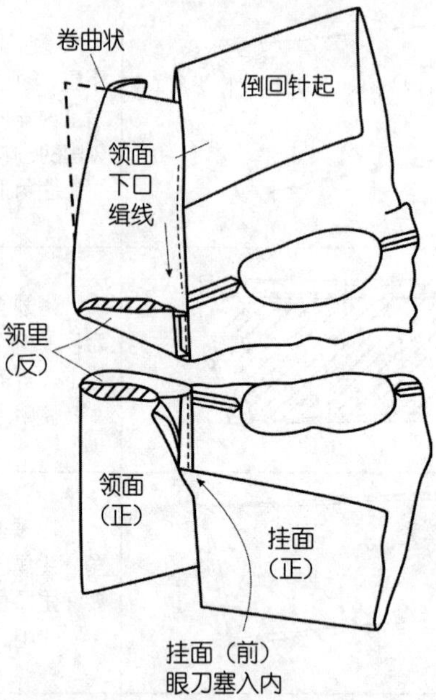	把挂面即领面翻出，将绱领缝份向里坐倒，然后沿领面下口缉线，缉线要整齐、光洁。两端的起止针都要来回针，线头抽向反面打结。 使用工具：单针平缝机。

2.2.2 中式立领

式领又称旗袍领，是属于领子造型中的立领款式，广泛被应用于男、女中式服装中。下面介绍中式立领的工艺制作，其详细工艺步骤见表2-2。

表2-2　中式立领的工艺图示

工艺内容	图 示	工艺方法及要求、使用工具
1. 裁配领衬	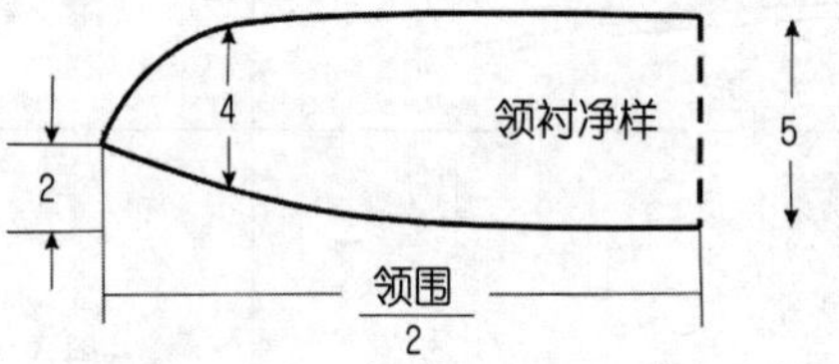	按图中尺寸制出中式领净样板，领衬全部为净缝。净缝领衬适用于衣料较厚实的服装以及部分高档丝绸类服装，如为了增加中式领的立体感和挺括度，可同时裁剪两片净领衬，但下层一片领衬下口需放缝0.7cm。 使用工具：剪刀。
2. 黏合两层领衬	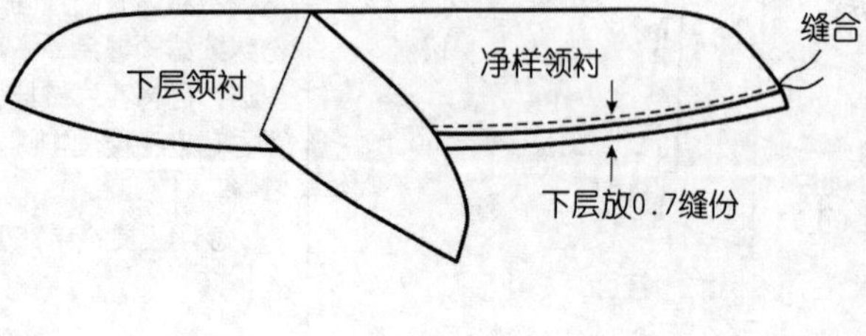	将两片领衬涂浆后黏合起来，领下口间隔0.7cm，黏合时熨斗从中间向两边熨烫，烫出领围窝势，然后沿上片领衬下口缉线一道，将两层领衬缝合固定。有些高档丝绒旗袍仅用一层挺括的树脂衬，此时只需在领衬下口加缉一条牵带，以备绱领时用。 使用工具：熨斗。

工艺内容	图 示	工艺方法及要求、使用工具
3. 扣烫缝份	领面（反） 领衬 领里（正） 领里（正） 对准背中线	将领面与领里放在领衬下面，然后把领上口缝份同时向领衬方向扣烫折倒，并沿领衬的上口稍刮一些浆，黏住后烫干。 使用工具：熨斗。
4. 领衬边沿缉线	沿领衬边缉线 领衬（贴向领面） 领面（反） 0.15 领里（正）	把领衬掀开展平，按领衬上口沿边缉线，缉线与领衬的间距在0.15cm左右，即座止口的间距，衣料越厚，间距越大，将领衬与领面、领里的缝份一并缝缉。 使用工具：单针平缝机。
5. 熨烫领止口	烫领止口 折光 领里（正） 圆角对称折光涂浆黏住 ↑0.7	将领里翻转后先熨烫领止口，再熨烫两圆角止口，要求对称、圆顺，领面缝份紧紧靠住领衬，并沿缝份边缘刮浆、烫干、黏牢，座止口0.2cm，然后再放0.7cm的领衬下口涂浆，而后与领面黏合，烫干。 使用工具：熨斗、浆糊。
6. 领面与领圈缝合	前衣片（正） 领里（正） 里襟 0.7缝份 眼刀对准 后衣片（正） 领面（正） 1.5 真丝稍拉伸 门襟 前衣片（正）	将领子与衣片正面叠合，衣片领圈应当比领子小1cm左右。绱领从左门襟眼刀起到右门襟眼刀止，然后沿领面下口开始绱领缝合，缝至领圈至丝绺部位领子要稍拉伸，肩缝部位领子要放松，领子中间必须对准背中眼刀。 使用工具：单针平缝机。
7. 缲缝下口	袖子（正） 领子两端钉上领钩与领襻 里襟 领里 后衣片（反） 折光领下口与领圈，用手针缲牢 领面 拼回 袖子（正）	把领下口折光，折光缝份正好盖过第一道绱领线，然后用手工缲针的放缝将领里撬在领圈缝份上，领子圆头两端分别同时钉翻领钩和领襻。 使用工具：单针平缝机、手针。

2.2.3 衬衣领

衬衣领由上下两部分组成,上领是领子的翻出部分并展示整个领型基本造型,又称翻领;下领则是领子的衬托部分起支撑作用,又称领座。

衬衫领款式变化主要体现在领角部位,如方领角、尖领角和圆领角等。但不管款式怎样变化,其缝制工艺是基本一致的。下面介绍衬衫领的工艺制作,其详细工艺步骤见表 2-1。

表 2-3　衬衣领的工艺图示

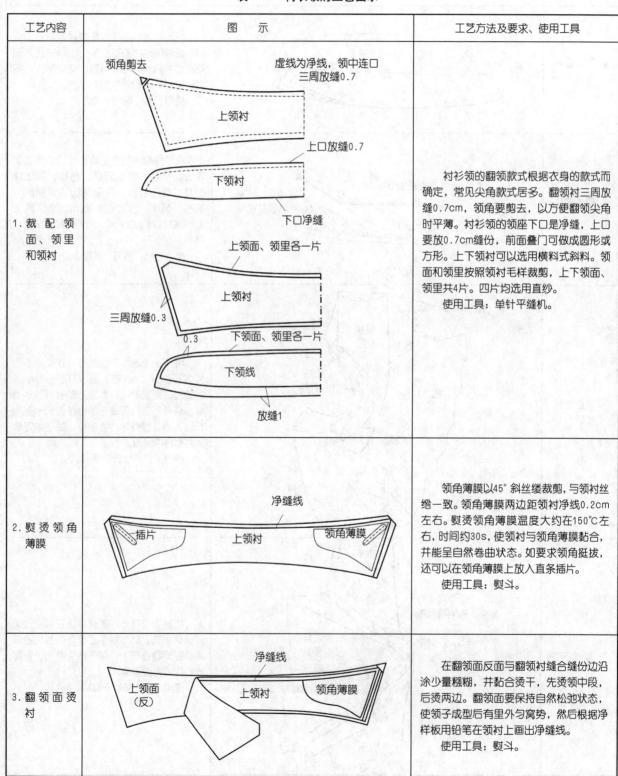

工艺内容	图　示	工艺方法及要求、使用工具
1. 裁配领面、领里和领衬	领角剪去　虚线为净线,领中连口 三周放缝0.7 上领衬 上口放缝0.7 下领衬 下口净缝 上领面、领里各一片 上领衬 三周放缝0.3 下领面、领里各一片 0.3 下领线 放缝1	衬衫领的翻领款式根据衣身的款式而确定,常见尖角款式居多。翻领衬三周放缝0.7cm,领角要剪去,以方便翻领尖角时平薄。衬衫领的领座下口是净缝,上口要放0.7cm缝份,前面叠门可做成圆形或方形。上下领衬可以选用横料式斜料。领面和领里按照领衬毛样裁剪,上下领面、领里共4片。四片均选用直纱。 　使用工具:单针平缝机。
2. 熨烫领角薄膜	净缝线 插片　上领衬　领角薄膜	领角薄膜以45°斜丝缕裁剪,与领衬丝缕一致。领角薄膜两边距领衬净线0.2cm左右。熨烫领角薄膜温度大约在150℃左右,时间约30s,使领衬与领角薄膜黏合,并能呈自然卷曲状态。如要求领角挺拔,还可以在领角薄膜上放入直条插片。 　使用工具:熨斗。
3. 翻领面烫衬	净缝线 上领面(反)　上领衬　领角薄膜	在翻领面反面与翻领衬缝合缝份边沿涂少量糨糊,并黏合烫干,先烫领中段,后烫两边。翻领面要保持自然松弛状态,使领子成型后有里外匀窝势,然后根据净样板用铅笔在领衬上画出净缝线。 　使用工具:熨斗。

工艺内容	图　示	工艺方法及要求、使用工具
4. 缝合翻领面与翻领里	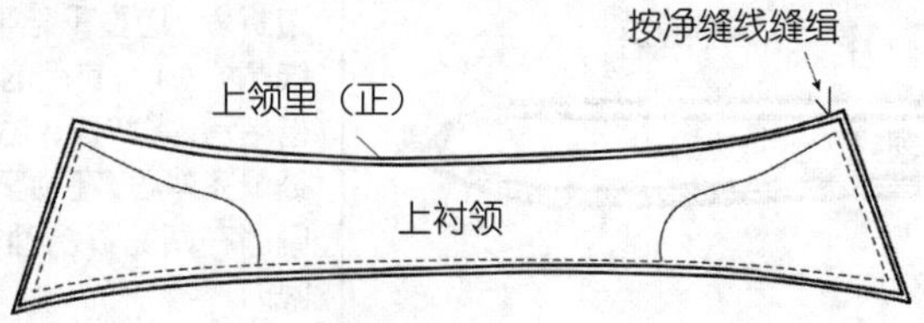 按净缝线缝缉 上领里（正） 上衬领	领里放下层，正面朝上，领面正面与其叠合，缝合时根据领衬净缝线缉线，同时领里必须拉紧，缝合缉线不能缉住领角薄膜，否则翻正后会露止口，领面与领难以平服。 　使用工具：单针平缝机。
5. 翻烫翻领	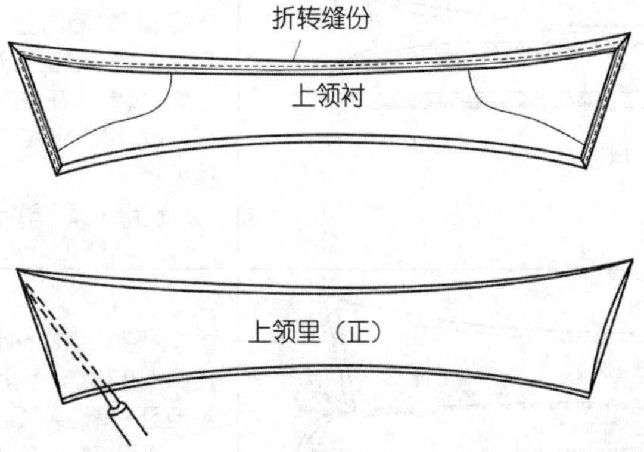 折转缝份 上领衬 上领里（正）	先将缝份修剪整齐，一般留缝0.4cm，然后沿缝份边沿蘸少许水，边折转，边熨烫，缝份应朝领衬方向坐倒，并将领角折尖。 　手指捏住领角，在领尖角的正面用锥子轻轻地挑出领角，也可以从里向外顶尖，不要戳破领角，最后把锥子全部翻出。 　使用工具：单针平缝机。
6. 烫里外匀窝势	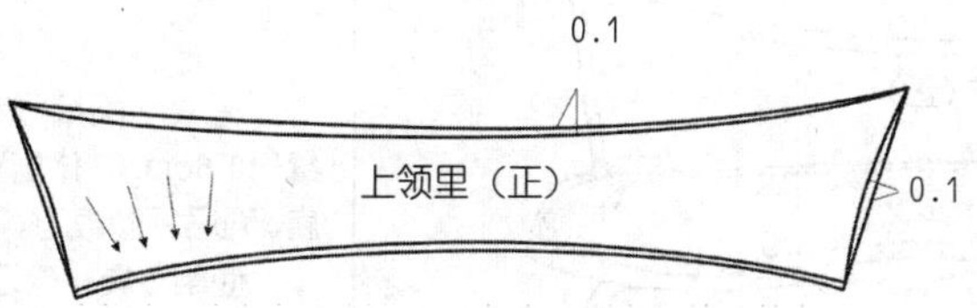 0.1 上领里（正）　0.1 按箭头方向轻拉上领里，并与上领面上口缝份黏牢	沿领上口边沿抹一点薄糨糊，注意抹匀。按图中箭头方向轻轻拉紧领里，并烫干烫牢，使领子翘起的里外匀窝势。领里决不能露止口，止口边沿要平薄，两边对称整齐，上口修剪光洁。 　使用工具：熨斗。
7. 缝缉翻领面止口	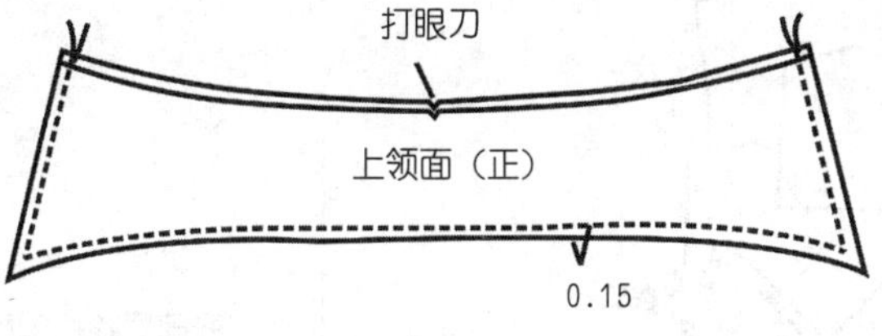 打眼刀 上领面（正） 0.15	翻领面止口明线有多种形式，有宽止口（0.5cm）、双止口（0.1/0.6cm）、窄止口（0.15cm）等。这些明线形式要求做到与整件衬衫协调一致。明线缝缉完毕后，将领面对折后在中点打眼刀。 　使用工具：单针平缝机。
8. 黏合领座里与领衬	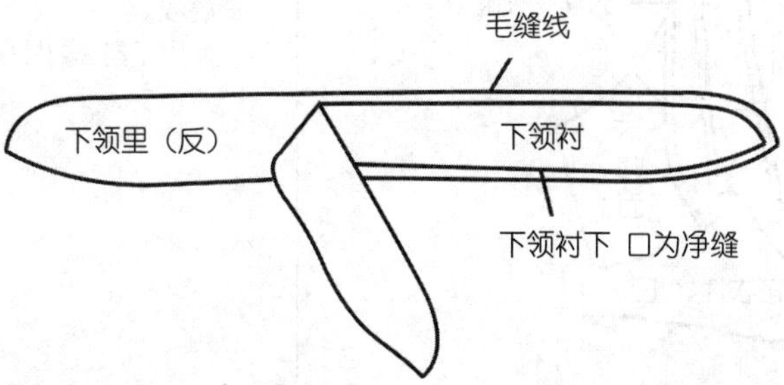 毛缝线 下领里（反）　下领衬 下领衬下口为净缝	黏合领座里与衬时要从领里中间开始，分别向两边熨烫，使领座衬黏合平服，并有一定的卷曲窝势。 　使用工具：熨斗。

工艺内容	图　示	工艺方法及要求、使用工具
9. 折转领座里缝份	 眼刀　眼刀　画净缝线　眼刀 下领衬 0.7	折转烫倒领座里缝份时，可略涂浆，边折转、边烫干黏牢，然后沿边绱线，绱线宽0.7cm，其目的是使领座里与领衬紧密结合，多次洗涤后也不会起壳和皱缩。缝绱完毕后，在领座衬上扣画出净缝线，同时在两端缝合翻领点及后领中间打上眼刀。 　　使用工具：单针平缝机、熨斗。
10. 缝合翻领与领座	 上领面（正）　下领面（正） 下领衬 对准眼刀　对准刀眼　对准眼刀	将领座的面里两片正面相叠，中间夹入翻领（领面向上）。缝合前两端装领点与领中间三层眼刀对准。下层的下领面稍拉紧，缝合线在叠门的领衬净线处不要绱住领衬，绱线应离开领衬0.1cm，然后翻正烫平服。 　　使用工具：单针平缝机。
11. 压缉领座上止口线	 上领面（正） 2　0.1　2 下领面（正）	距装领点2cm处为起点，在领里正面压缉上止口线，上止口宽度一般0.1cm，缝缉至另一端距装领点2cm。 　　使用工具：单针平缝机。
12. 修剪绱领缝份	 上领面（正） 下领面（正） 打眼刀　打眼刀　打眼刀　修剪至0.6	将领座面绱领缝份按照领里边沿留缝份0.6cm，并修剪整齐，然后剪好左右对肩、对后领圈眼刀。 　　使用工具：剪刀。
13. 绱领	 前衣片（正） 后衣片（正）　下领面缝份0.7 对准后领眼刀 上领面 下领面 前衣片（正）	把前后衣片领圈正面朝上放置，并把领座面正面放置在领圈上。绱领时，第一道绱领缝份需缝缉0.7cm，（下领面留缝0.6cm），第二道缝线才能有效地盖住第一道缉线。 　　使用工具：单针平缝机。

工艺内容	图　　示	工艺方法及要求、使用工具
14.压缉领座下止口线	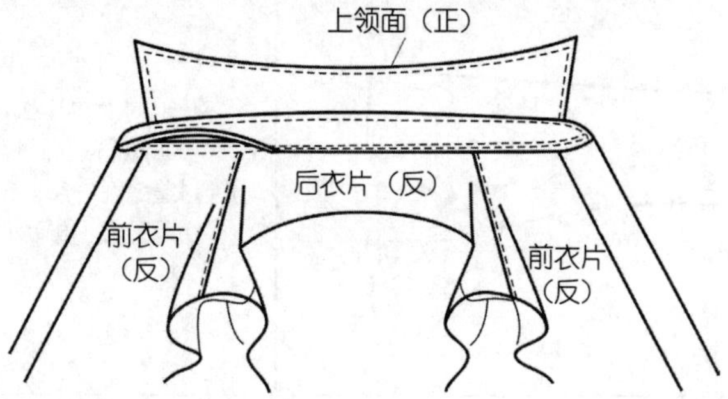	将前后衣片反面翻转向上，用镊子钳顶着门襟，从下领里正面连接上止口线开始缉线，经领角转弯至下领里下止口线，压缉时下层领圈要稍拉，上层下领里要推送，以防止起涟形，压缉领里止口线正好盖没第一道绱领面缝线。 　　使用工具：单针平缝机。

2.2.4 西装领

　　西装领属于典型的驳领款式。翻驳领是领子和驳头连接在一起的领子款式。最常见的西装领有平驳领和枪驳领两种。在西装领缝制工艺中有两种工艺，即传统工艺和现代黏合衬工艺。黏合衬工艺是指领里采用领底呢、领衬采用黏合衬，同时裁剪上采取领里领衬整块不拼接的工艺。传统工艺是指领里采用面料、领衬采用黄衬以及部分手工等缝制工艺。不管哪种工艺都要求成型后的领子领型端正，左右对称，平服饱满，里外窝服。下面介绍黏合衬工艺制作西装领，详细工艺步骤见表2-4。

表2-4　西服领的工艺图示

工艺内容	图　　示	制作方法及使用工具
1.裁配领面、领里和领衬	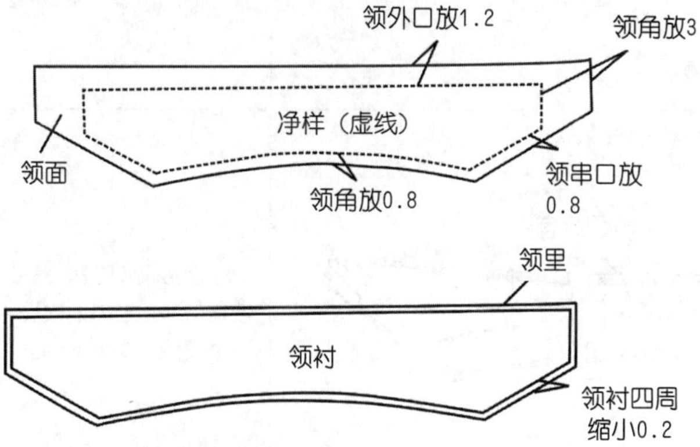	领面选用横料，按西装领型净样尺寸裁配，领外口放1.2cm，左右领角放出3cm，左右领串口均放缝0.8cm。 　　领里选用法兰绒领底呢，领外口按净样减小0.4cm，左右领角按净样，其余三边各放缝0.8cm。 　　领衬选用黏合衬，四周可以比领里缩小0.2cm。 　　使用工具：剪刀、熨斗。
2.领面与领里黏衬	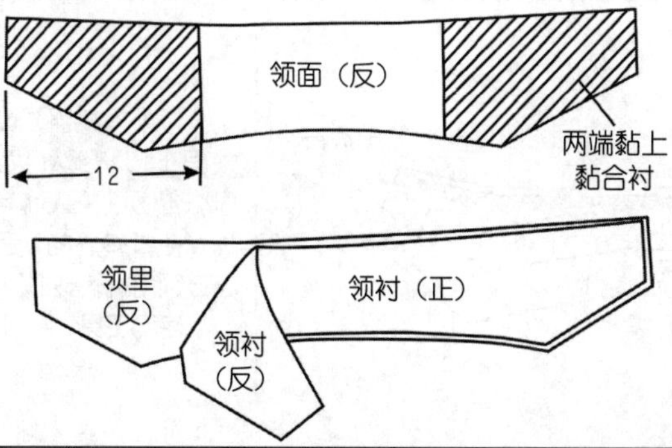	在领面反面左右两端黏上黏合衬，黏合衬长度约12cm，黏合时领面横直丝缕必须归正理顺。 　　领里与领衬黏合时，领衬四周应比领里缩小0.2cm，此时在领外口暂不必黏合牢固。 　　使用工具：剪刀、熨斗。

工艺内容	图　示	工艺方法及要求、使用工具
3. 缉缝领脚阔线	领衬四周小\0.2　领里（正）　领角阔线2.6	在领衬上画出领脚阔线，领脚阔线为2.6cm，然后按照画出的领脚阔线把领里与领衬缝缉在一起。 　　使用工具：单针平缝机。
4. 领面嵌入领里和领衬	领衬　领里（正）　0.8　领面（正）	将领面正面向上，然后把领面外口约0.8cm缝份嵌入法兰绒领里与黏合衬之间，领面嵌入领里领衬时，可暂用手缝针将领面、领里、领衬三层沿边缝扎固定，然后用熨斗把领外口黏合烫牢。 　　使用工具：单针平缝机。
5. 缝缉三角针	领里（正）　缝缉三角针　0.4　领面（正）　三角针距　3	选用具有三角针缝缉功能的缝纫机，在领外口将领面、领里、领衬三层一起缝缉，三角针针距为0.3cm。如果没有此功能缝纫机，可以用平缝机缝一道，然后用手工绷缝三角针。 　　使用工具：单针平缝机。
6. 折烫领外口	领面（正）　领面折转　0.2　领里（正）	把领面外口根据领衬净缝折转，然后按照0.2cm坐势把领面与领里扣烫平服。 　　使用工具：熨斗。
7. 归拔领脚	领角折转　领里（反）　领面（反）	将领里按照领脚折转线归拔，然后将领面下口肩缝处拔开。在折转归拔领脚时，必须把靠近肩缝部位处下口略微归拔，使折转后的领子成拱形状态，最后把左右领角折转烫好。 　　使用工具：熨斗。

工艺内容	图　　示	制作方法及使用工具
8.绱领		先绱领面串口，把衣片领圈面、里、衬三层放平，然后将领面串口与衣片挂面串口正面相叠，缺嘴对准后缉缝0.8cm，再绱领面领脚部分，把挂面领圈部位横丝绺归正，然后将领面的领脚缝份与挂面以及里子领圈对准后缝缉，缝缉时在肩缝处略放松度，左右里子肩缝和背缝必须对称。 使用工具：单针平缝机。
9.分烫串口		在衣片挂面串口上段处（约距驳口线1.5cm）剪一个45°眼刀，然后分烫挂面与领子串口。接着修剪挂面与领子串口缝份，挂面修剪成0.3cm，领子缝份修剪成0.6cm。同时在串口分开缝处垫入双面黏合带，把领里翻下后熨烫黏牢。 使用工具：熨斗。
10.缲缝领里		将领子放在馒头上，把法兰绒领里用手工扎线扎定在领圈上，注意领子翻折后的平整度及里外匀，最后用本色线将领里与领圈缲缝，同时把左右领角缲缝，所有缲针要求整齐细密。 使用工具：熨斗、手针。

思考与练习：

1.用三种方法分别绘制单立领。

2.用配伍法作图绘制海军领。

3.用反射法作图绘制翻驳领。

4.练习各种衣领的工艺制作方法。

第3章　衣袖结构设计与工艺

袖子包裹了人体肩部和臂部,是构成服装的主要部件。本章主要介绍衣袖的结构设计原理、各种袖型的结构设计及部件缝制工艺。

衣袖结构设计是服装整体设计中不可或缺的重要组成部分。当我们将立体的服装穿上后,除了追求衣身与衣袖的平衡、合体、美观、协调外,还特别需要关注衣袖的穿着舒适、易活动和兼容性等实用效果。衣袖的外观设计不能脱离服装穿着需求而独立存在,必须考虑穿着对象的体形、服装品种用途、穿着场合以及款式造型、面料质地、色彩纹样等因素,所以在衣袖结构设计中,首先应该掌握衣袖的结构种类及外观特征。

3.1 衣袖结构原理

3.1.1 衣袖结构种类和设计要素

1. 人体上肢的基本形态

如果把人体上身比作两个台体反向连接,连接的轴为腰部,那么人体上肢就可比作两个柱体的连接,连接轴为肘部,与身体连接的轴为肩部,上肢的运动幅度很大(如图3-1),为满足不同的运动量的要求,可派生出不同形态的衣袖,每一类衣袖都有其特定的结构要素。

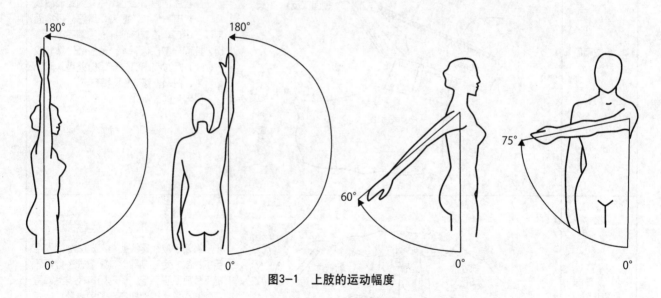

图3-1　上肢的运动幅度

2. 衣袖的基本形态

图 3-2 左边的图所示的是女体上肢的立体形态,是微向前倾的。自肩端点 SP' 向下画垂线可以得到人体上肢三个重要数据:手臂垂线与手腕中点之间的水平距离为 4.99cm,手臂垂线与手腕中线的夹角为 6.18°,手臂肘部垂线与手腕中线的夹角为 12.14°。

将人体上肢分为两部分,与身体相连的部分为上臂,其余的部分为前臂,肘为上臂和前臂的中间轴,使前臂向前倾。包裹着两块体积的即为衣袖的基本形态,中间张开的部分是使衣袖前倾的省量,用一块长方形的布包裹人体上肢,将前臂与肘部弯曲处的空荡部分去掉,形成图3-2中右图的形状,与上臂展开形状,形成了袖山的基本形状,将两部分连接,就是一个与上肢前倾程度基本一致的衣袖平面形状。

图 3-3 为衣袖基本形态的展开图。袖山为一条先凹后凸的再凹的曲线,最凹的部分在腋下,最凸的部分在肩部。以人体上肢自然下垂时最外端轮廓线为袖中线的基本形态,肘省在手臂

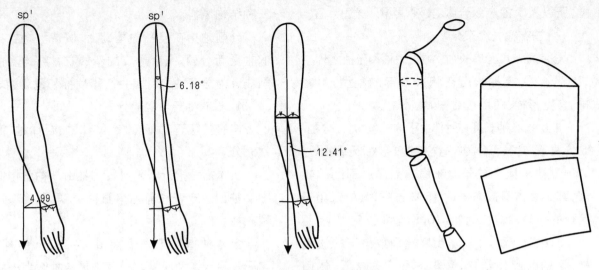

图3-2 女体上肢立体形态及展开图

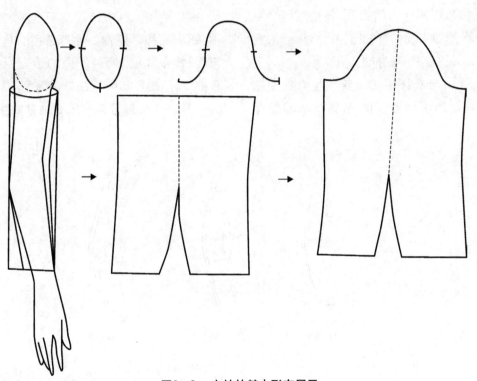

图3-3 衣袖的基本形态展开

的肘中间处。上肢自然形态是向前倾而不是向内倾,所以在制图时,将袖肘省设计在袖中线后面,来满足上肢前倾的要求。

3. 衣袖的分类

1) 按服装穿着层次来分

服装有内衣、外衣和大衣之分,相对应的服装衣袖也分为内衣袖、外衣袖和大衣袖。

内衣袖指贴身穿着的衬衫类衣袖,为了追求穿着舒适性,内衣袖袖山较浅。

外衣袖指外套类的衣袖,为了追求美观与舒适的双重需要,一般采用袖山较深的美观合体型衣袖。

大衣袖是指穿在外衣外的服装的衣袖,因为随着服装层次的增加,外观又不能显出臃肿的感觉,所以大衣袖应以合体、美观、平衡、舒适为宜。

2)按衣袖长度来分

按衣袖长度分有长袖、中袖、短袖和无袖之分。

长袖指衣袖长度在腕关节下的袖型,衬衫袖、夹克衫袖、两用衫袖等都是长袖。

中袖指衣袖长度在肘部上下的袖型,有五分袖、七分袖等。它又可分为肘省袖、袖口省袖、无省袖等。

短袖是指衣袖长度在肩端点到肘部间的袖型,其长度占身高总长的15%左右,其中近年来流行的超短袖,袖长都在10cm以下。

无袖是指大身袖窿或肩部稍放出来的短连袖,无袖的应用最广,夏季的日常家居服,休闲服,冬季的背心马甲,都可以设计成无袖。

3)按衣袖结构分

按衣袖结构分,有圆装袖、连袖和分割袖之分。

装袖是指袖山形状为圆弧型,与袖窿缝合组装的衣袖。根据袖山及袖身的结构风格可分为宽松、贴体的袖山及直身、弯身袖。

连袖指袖山与衣身组合连成一起的衣袖结构,根据衣袖倾斜度分为宽松,较宽松及较贴体三种结构风格。

分割袖指在连袖的基础上,按造型将衣身和衣袖重新分割,组合形成的新的衣袖结构。按造型线分为插肩袖、半插肩袖、落肩袖和覆肩袖。

4)按衣袖穿着功能分

按衣袖穿着功能分,有贴体袖、合体袖、宽松袖之分。

贴体袖是指近年来流行的袖山与袖肥相似的细窄袖型。穿着时前袖容量很小,属于美观贴体型衣袖。

合体袖指袖肥大于袖山1~2cm的袖型。属于美观合体型衣袖。松身袖是指袖肥大于袖山7~8cm的袖型,属于舒适型衣袖。

5)按衣袖款式造型分

按衣袖款式造型可分为袖山造型、袖身造型、袖口造型。袖山造型有窄肩袖、宽肩袖、圆肩袖、翘肩袖和落肩袖。袖身造型有扁袖(一片袖)与圆袖(多片袖)两种不同的造型。袖口造型有束袖口、小袖口和喇叭袖口等造型。

图3-4为部分类型的衣袖款式图。

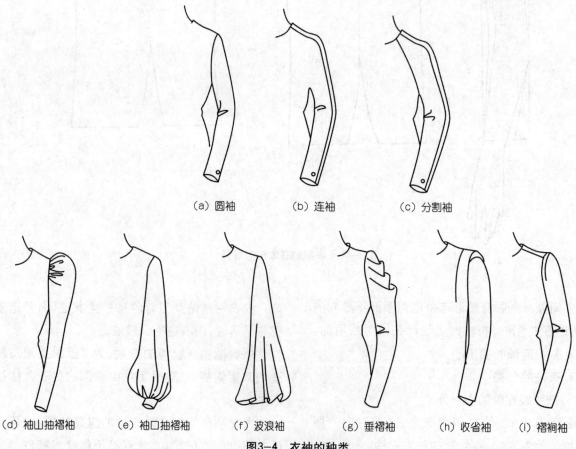

(a)圆袖　　　　(b)连袖　　　　(c)分割袖

(d)袖山抽褶袖　　(e)袖口抽褶袖　　(f)波浪袖　　　(g)垂褶袖　　(h)收省袖　　(i)褶裥袖

图3-4　衣袖的种类

3.1.2 袖山、袖身结构设计

1. 袖山的变化设计

1）袖山的绝对取值

在衣袖结构中,袖山、袖肥和袖山角度相互制约,相互适应,构成了衣袖结构的基本框架(见图3-5(a))。在袖窿弧线一定的情况下,袖山越浅,袖子越肥,袖山角度越大,袖子的活动功能越强,反之越弱,其中袖山是主要因素,通过它来找袖肥,确定袖山角度,是控制衣袖结构和风格的关键。

当不同的袖山放在同一个袖窿上,在同一个袖窿上观察衣袖的变化时,袖山的变化可产生无数个功能不同、舒适度不同、款式风格不同的衣袖。取最大袖山值和最小袖山值是衣袖的两极状态。图3-5(b)中:e袖的袖山为Oe_1,袖肥为Ee_1,这是最大袖山值所产生的衣袖,其功能性是手臂活动所需松量的最低状态;a袖的袖山为Oa_1(O与a_1为同一点),袖肥为Aa_1,这是最小袖山值所产生的衣袖,袖山为0,这时袖中线与肩线呈一条直线。理论上最小袖山还可以取负值,但无论是0还是取负值,均会使衣袖在穿着时腋下的褶量越来越多,当然活动空间也越来越大。从实践上来说,袖山最小值根据时尚审美来确定,而最大值是有严格限定意义的。

到底袖山深取多少,才是最理想的数值?能给手臂的运动提供最佳空间,同时腋下没有多余褶量的衣袖为理想的衣袖。但腋下的褶量永远与袖山深的大小呈反比,面对这样的矛盾,衣袖的结构与功能设计寻求的是一种平和,使一方产生在另一方的制约下,呈现出最佳效果。一般认为,当袖山深的取值使得袖山斜线与袖山深线的夹角为45°时,衣袖的皱褶在款式可以接受的范围内,且衣袖的功能得以保证,就是最理想的衣袖。在今天的设计中,人们往往为了寻求衣袖的个性,在合体的袖型中,使夹角小于45°,摒弃任何可以影响美观的皱褶,忽略轻微的功能障碍,追求衣袖的最佳静态合体效果。宽松衣袖腋下皱褶的多少,成为设计者对款式风格和运动功能的不同追求,功能满足早已蕴含其中,袖山深的设计要自如得多,只要袖山深不超过使手臂抬不起来的界限,就可以自由设计。

2）袖山的相对取值

前面所讲的是不同袖山放在同一个袖窿上的状态,是呈有规律的递增或递减,肥的衣袖袖山比瘦的衣袖袖山浅,所以对于不同的袖型来讲,袖山深浅的比较是与自身因素的比较。而对于不同的衣身(即袖窿深不同)时,有时宽松的衣袖也同样需要很深的袖山。当款式要求衣袖既能容纳较厚的内套装,又要没有多余的皱褶时,所需的

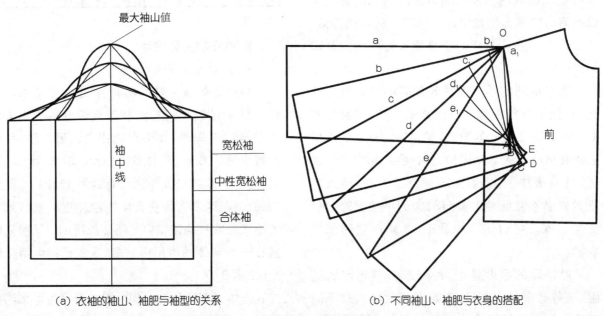

(a) 衣袖的袖山、袖肥与袖型的关系　　　　(b) 不同袖山、袖肥与衣身的搭配

图3-5　衣袖的袖山及袖肥取值

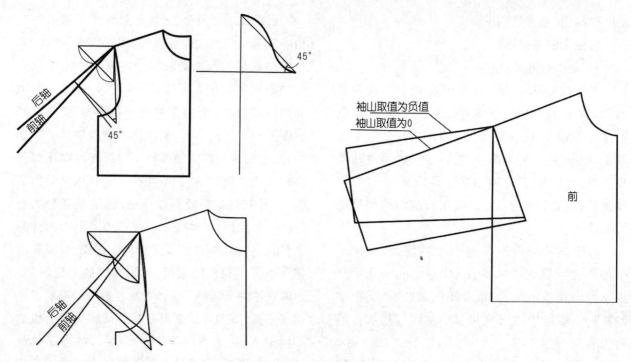

图3-6　衣袖的袖山相对取值

袖山就比较深，以使腋下无褶来满足款式造型的要求。衣袖的功能并没有因为手臂周围的空间被削弱。所以袖山深的最大和最小值都是一个相对概念，每一款不同的袖窿都有它自己合适的最大及最小袖山值（见图3-6）。

3）袖肥的变化设计

不同的袖山深会产生不同的袖肥，但是设计的袖山深所派生的袖肥并不总是设计想要的理想袖肥。制板的习惯和袖山深对款式的影响使设计者有时首先用袖山深来确定袖的其他因素。这就产生了在实际应用中袖肥反过来制约袖山深的问题。

理想袖肥的袖山弧线长需要的缝缩量应该适中（如果有缝缩量），符合款式要求，并且要与对应的袖窿弧线长匹配，能满足特定款式的功能要求和风格要求。袖肥加大时，会使袖山弧线加长，缝缩量加大，为避免缝缩量过大，在调大袖肥时就必然减低袖山深；反之，调小袖肥时应加高袖山深。经过这样的调节，才能得到理想的衣袖。

对特定的服装造型，袖肥取值有一定的范围，这些数值经过实践，满足了特定的款式不同程度功能的设计要求。在设计衣袖时，有了成品

袖肥的概念，对把握设计袖肥有一定的参考价值（见表3-1）。

表3-1　袖山深、袖肥的经验取值　　（单位：cm）

款式名称	净胸围	成品胸围	袖山深	袖肥
男西服套装	92～96	108～112	18～20	20～21
男休闲西服	92～96	112～116	18～19	21～23
男正装大衣	92～96	114～120	18～20	22～24
男便服大衣	92～96	114～130	14～18	20～26
女正装	84～88	92～98	17～19	16～19
女便装	84～88	94～104	10～17	17～24

2. 袖身的变化设计

1）袖肘省的变化

袖身上的省主要是袖肘省，是为了使衣袖符合人体上肢静止的自然状态而设计的。当人体上肢自然下垂时，如果衣袖完全包裹上肢，手臂前倾女体约6cm，男体约6.8cm。在常用的袖肥下，袖肘省从袖口处前倾女装约为12cm，男装为13.6cm。这个省量在合体衣袖和追求前倾效果的略宽松衣袖的造型中是不能忽视的。袖肘省的量在一片合体袖中用得最多，在宽松袖中用量较少（见图3-7）。

合体式两片袖为典型的以袖肘省为基本结构设计元素的类型。将袖肘省含在了分割线中，袖

山深线下部的省使衣袖前倾,袖山深线上部的省使衣袖上部收缩,衣袖后部呈弯曲状态,两片袖前袖缝凹进同样是省的作用,起加强整个衣袖弯曲效果的作用。袖肘省量过大,会出现衣袖肘部弯曲过急的现象。在袖口宽不变的情况下,袖肘省随着袖肥的增大而增大。在制图中常以袖肥与袖口的差作为肘下部的省量值。当肘省设置在袖口处时,长度太长有时不符合款式要求,就被转移至后袖缝处形成一个短小的肘省。由于这种袖型常常用在非正式服装中,所以取省时常常减少省量,也可以采用前侧缝内撇的形式。

宽松袖中,袖肘省一般不考虑。如果取省,也是因设计需要而取较小的肘省。

2)袖身的变化

衣袖的款式很多,但是无论什么样的袖子,在结构上只有两大类即合体袖和宽松袖。这个主要是从袖身的合体程度和功能来分类的。

衣袖穿着后符合人体手臂自然下垂状态为合体袖。因为这些衣袖的结构形态是一样的,袖山、袖肥、袖山角度以同样的方式控制着袖形。从两片袖形到一片袖形的转换,只是分割线位置和形状的变化,袖片面积的大小和形状并无变化,那么形成的衣袖立体状态就不会变化。比如一片合体袖转换成合体插肩袖或插肩袖转换成连肩袖,也只是分割线位置变化了,衣袖的结构和功能并没有变化(如图3-7)。

宽松袖的概念只是一个相对概念,即不合体的衣袖。由一片宽松袖到宽松插肩袖再到宽松

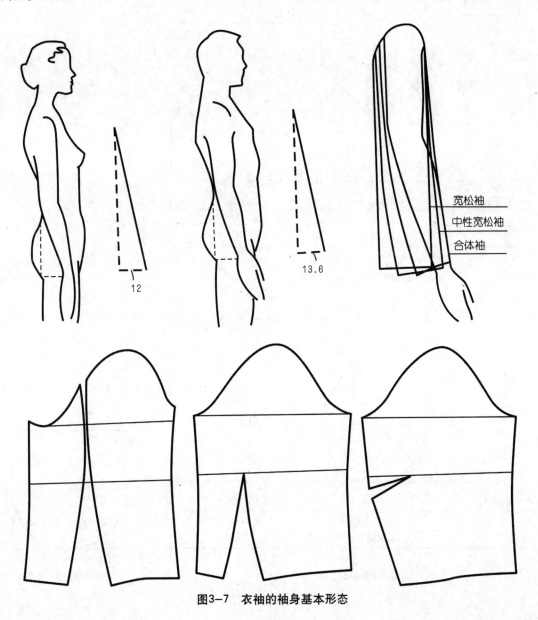

图3-7 衣袖的袖身基本形态

连肩袖的变化过程，与合体袖的变化过程是一样的。

无论宽松袖还是合体袖，袖山、袖肥和袖山斜度决定了它们的基本状态，款式的变化只是外在的变化。合体袖过度到宽松袖是衣袖状态的根本变化，但是同一状态下的衣袖，款式的大幅度变化也会使同类衣袖之间有一些小的变化。这是我们在对待不同款式时需要注意的。比如合体插肩袖与合体装袖，当袖山、袖肥和袖山角度的合体程度相同时，插肩袖的功能性要比装袖稍差些，主要原因是肩部的微小差别。虽然合体装袖袖山隆起处，在手臂不运动时与合体插肩袖的袖山制约款式上无区别，但手臂运动后，合体装袖在客观上加大了

其运动功能，而插肩袖肩部完全与人体肩部吻合，运动时没有附加的调节量来增加其功能性，常常使穿着者感觉胸背处牵扯过大。所以，合体插肩袖在追求与合体装袖同样的舒适效果时，需要适当减弱它的贴体性，即袖山深变小一点或调大袖中线与衣身的角度，这样既对外观效果没有大的影响，也使袖子更加舒适。

3.1.3 袖窿与袖山的配伍设计

1. 袖窿的结构设计原理

袖窿的形状设计来源于人体腋窝的截面形状。袖子的设计是根据人体腋窝的形状及其手臂的运动状态而配套设计的。尽管袖窿与袖子在服装设计中类别很多，但为腋窝服务这一点是永远

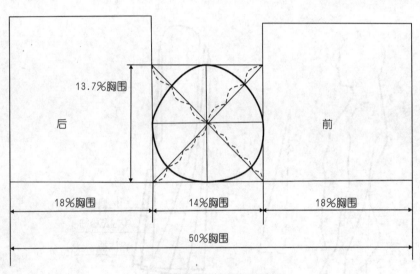

（a）服装胸围与袖窿的比例关系

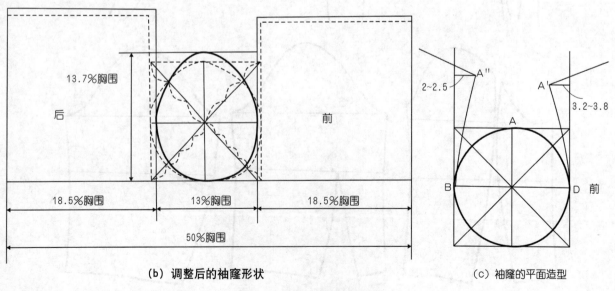

（b）调整后的袖窿形状　　　　　　（c）袖窿的平面造型

图3-8　袖窿的结构设计原理

不变的。首先来看下人体腋窝的形态分析,见图3-8(a)。

人体的腋窝围、腋窝宽和腋窝深是构成服装袖窿的主要部位,三者始终是围绕着人体净胸围的增减而变化。通过对正常人体的抽样测验和数据分析得知,它们各占净胸围(用 B* 表示)的比例如下:

腋窝围 =44.3%B*;

腋窝宽 =14%B*;

腋窝深 =13.7%B*;

半前胸宽 =18%B*;

半后背宽 =18%B*。

由此可知,背宽 /2+ 胸宽 /2+ 袖窿宽 = 胸围 /2,因此,在胸围不变的情况下袖窿宽是随着胸宽和背宽的尺寸变化而变化的。其变化情况,可以体现出人体体形特征:体形偏瘦者,则胸背宽尺寸大,而袖窿尺寸减小;体形偏厚者,则胸背宽尺寸小,而袖窿尺寸增大。该图所示的是根据人体净胸围尺寸分配而得,用此计算的数据不能直接用于制图。因为,用于计算的尺寸是加放松量以后的服装成品胸围(用 B 表示)规格尺寸。所以,服装袖窿的形态与尺寸,应在人体腋窝形态的基础之上加以调整。调整后的袖窿形状如图 3-8(b)所示。调整后的比例分配如下:

袖窿围 =44.3%B;

袖窿宽 =13%B;

袖窿深 =14.7%B;

半前胸宽 =18.5%B;

半后背宽 =18.5%B。

图 3-8(c)是袖窿的平面造型图。要把人体腋窝的立体形状转化为平面袖窿,首先必须确定胸背宽线和肩点及冲肩量,将袖窿在 A 点处分开,AD 弧向 A' 方向移动, AB 弧向 A'' 方向移动,使得前冲肩量为 3.2 ~ 3.8cm,后冲肩量为 2 ~ 2.5cm。通过这样的线条移动,便出现了平面的袖窿造型图。

2. 袖窿弧线和袖山弧线的配伍

随着衣袖合体度的变化,袖窿弧线和袖山弧线的弧度也在变化,它们均随着衣袖的加大而变得越来越平缓。合体袖的袖山弧线凹凸非常明显,是由于自身形成的椭圆形状决定的,相对应的袖窿也是一个曲线较大的弧线。宽松袖的袖山弧线已经变成了一个很平滑的曲线,相对应的袖窿弧线也很平滑。可以得出:袖山与袖窿弧线的曲度呈正比。如果一个弯曲度很大的袖窿配一个曲度很小的袖山或者相反,这样会导致袖肩处缺量而出现绷拽现象或者产生多余的量而不平服。

3. 袖山中点与肩点的变化

随着袖窿椭圆形状的改变,肩宽也随着变化。衣身从合体到宽松,肩端点会从肩宽逐渐下垂到上肢上。在制图时,它仍然是衣身肩部的一部分。从图形上看,只有肩变宽了,胸宽和背宽才会随之加大,才能使袖窿这个原本比较饱满的椭圆变成扁扁的橄榄形。这时肩端点已经在上肢上,整个袖窿弧线已经脱离胸背与上肢的结合处,袖窿的合体性已经基本消失,这样较宽的肩实际上有一部分已经成为了衣袖的一部分,这构成了宽松袖的特点,即袖窿曲线已经在上肢上部,衣袖与胸背连接处平缓过渡。

插肩袖造型时要注意:无论插肩袖多么宽松,它相对应的肩宽不能像其他宽松装袖一样变化,需要以基本肩宽作为制图依据。这是因为插肩袖的袖中线是一条将肩线也连接在一起的线,其形状不是直线,是以肩与袖的基本走向成型的。如果加大肩宽,再在加大肩宽后的肩端点制插肩袖,缝合后会在肩部形成一个或大或小的凸起,穿在人体上也会凸起,所以插肩袖无论宽松程度多大,都应以实际肩宽制图,这样虽然肩部未加宽,但较深的袖窿偏离垂直变得宽松,同时肩部合体,穿着后不会出现肩部显宽的现象。

4. 衣袖缩缝量

从理论上说,袖山弧线与袖窿弧线的形状和长度应该相等才能进行缝合。但是很多袖形的袖山部分都需要缩缝,尤其是合体装袖,缩缝量是一个结构因素,它可以使衣袖的前后部位增加一定的运动量,用来平衡合体袖的不舒适因素。合理的缩缝量设计是服装品质的保证(见图 3-9)。

缩缝量的设计与面料厚薄、款式要求和工艺处理均有关。面料薄时，需要的缩缝量小，避免缩缝后产生死褶；面料厚时，较多的缩缝量才能产生饱满的效果（女装一般在2.5cm左右，男装在3.5cm左右）。形成的装袖为明显的袖压肩的效果。在实践中，装袖造型常以改变缩缝量来追求不同的款式效果。较小的量使肩头平滑，较大的量使肩头饱满。

缩缝量确定后，它在袖山上的位置是非常重要的。准确的位置才能产生理想的效果。其分配一般是袖山中后部最多，袖山中部其次，前部最少，腋下无吃势。图3-10显示的是缩缝量分配的基本位置和基本分配量比值，也是装袖缩缝量变化的一般规律。在实际中，无论缩缝量多大，

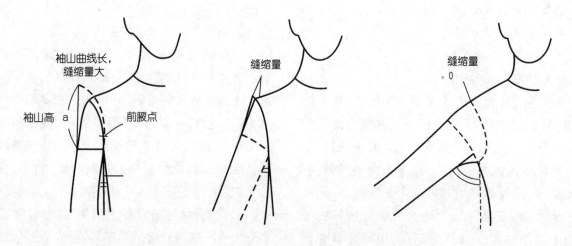

装袖角度的变化对袖山高和缝缩量的影响：装袖角度越小，袖山高越高；反之越低。

图3-9　衣袖的装袖角度与缝缩量的关系

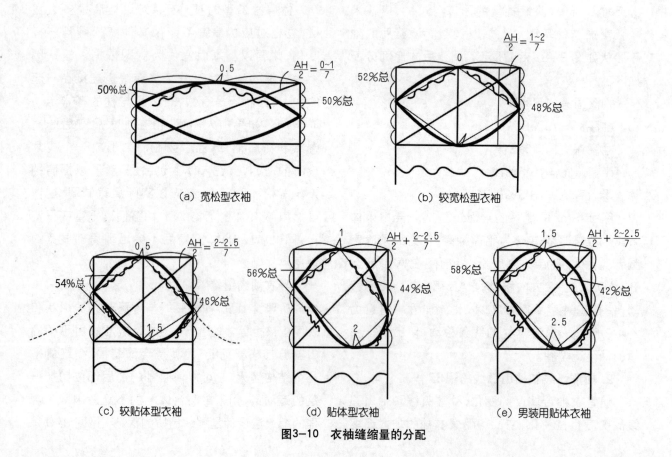

（a）宽松型衣袖　　　（b）较宽松型衣袖

（c）较贴体型衣袖　　　（d）贴体型衣袖　　　（e）男装用贴体衣袖

图3-10　衣袖缝缩量的分配

分配位置和比例都要遵照这一规律，并通过对位点来限定各部位不同的缩缝量。

5.无袖袖窿

无袖袖窿由于本身不需要缝合衣袖，就不存在与袖山弧线的配伍问题。在设计无袖袖窿时，袖窿的开深程度与有袖袖窿不一样，如果用合体衣袖的袖窿直接作为无袖的袖窿，会显得过于松大。为了不使得袖窿过大而暴露太多，袖窿深常常开得较浅。在运用原型制图时需要将袖窿深上移。

3.2 衣袖的结构设计

3.2.1 装袖结构设计

1.基本装袖结构设计

1）直身一片袖结构

直身袖袖身为直线形，袖口前偏量为 0～1cm。制图方法如图3-11所示：

（1）按袖长、袖山高（或袖肥），前袖山斜线长＝前AH（袖窿弧线）＋吃势－0.9cm，后袖山斜线长＝后AH（袖窿弧线）＋吃势－0.6cm，袖

口大，画出袖身外轮廓图。

（2）取袖底最低点A画袖中缝，或与衣身侧缝线相对应的部位画袖中缝。

（3）将袖中缝上的点A、B、C分别向袖身前、后轮廓线画水平展开，使A向外水平展开至A'、A"，B向外水平展开至B'、B"，C向外水平展开至C'、C"。

（4）将展开的袖山图形，分别按与对应的袖底图形等同地画顺，将袖口画成直线形或略有前高后低的倾斜形。

2）弯身一片袖结构

袖身为弯身形，袖口前偏量≤3cm，结构制图如图3-12所示：

（1）根据袖窿风格确定袖山高，按前后袖山斜线长确定袖肥，按袖长SL、袖口CW作袖身外轮廓图。增加袖肘线EL，其长度＝0.15h+9cm+垫肩厚，袖口底边线与袖口前偏线垂直。

（2）将袖中线ABC分别向袖前轮廓线和后轮廓线作垂直展开到A'B'C'和A"B"C"。

（3）画顺前后袖山弧线，袖身外轮廓线和袖

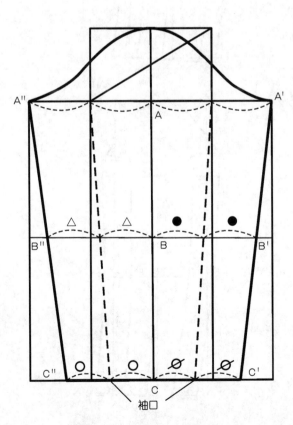

图3-11 直身一片袖结构图

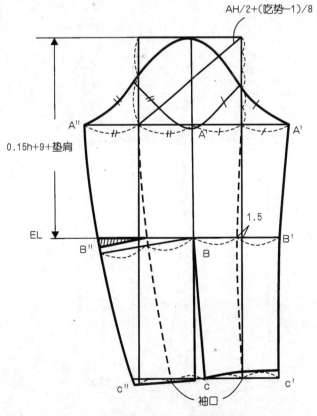

图3-12 弯身一片袖结构图

口线。

在弯身形一片袖结构图中可以看到，当后袖缝向袖中缝折叠时，在袖肘线 EL 处要折叠省道，在 EL 周围要归拢；当前袖缝向袖中线折叠时，在袖肘线 EL 处要拉展，拉展量 = 袖中线长 − 前袖缝长，但当前袖缝拉展量大于材料最大伸展率即材料允许的最大伸展量时，该类袖结构不能通过拉伸工艺达到造型的要求。

3）弯身形 1.5 片袖结构

为使弯身形袖身通过简单的拉伸工艺就能达到造型效果，可将袖中缝向前袖轮廓线移动，使前偏袖量控制在 2.5 ～ 4cm 之间，在后袖轮廓线处收省。这样形成的前袖缝拉伸量明显减少，一般在 0.3 ～ 1cm 之间，大大降低了制作工艺的难度。结构制图如图 3-13 所示：

（1）根据袖窿风格确定袖山高，按前后袖山斜线长确定袖肥，按袖长、袖口、袖口前偏量 2.5 ～ 4cm、袖肘线来作袖身外轮廓图。

（2）距前袖轮廓线 2.5 ～ 4cm 处作前袖偏量 A'B'C'，并向前袖轮廓线作垂直展开到 A"B"C"，向后袖缝基础线作水平展开到 A'''B'''C'''，在后

袖缝处形成长省结构。

（3）画顺袖山弧线、袖身外轮廓线和袖口线。

4）弯身形两片袖结构

该袖身结构是在弯身形一片袖的结构基础上，将袖缝作成两条，其中前偏袖量控制在 2.5 ～ 4cm，后偏袖量控制在 0 ～ 4cm 之间，上下偏袖量可相等也可以不相等。结构制图如图 3-14 所示：

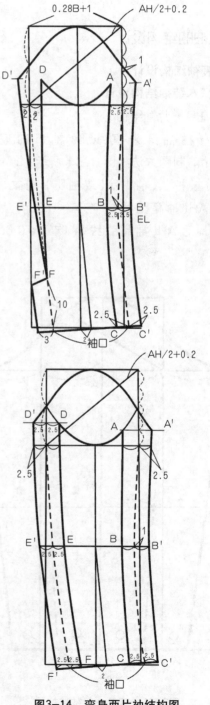

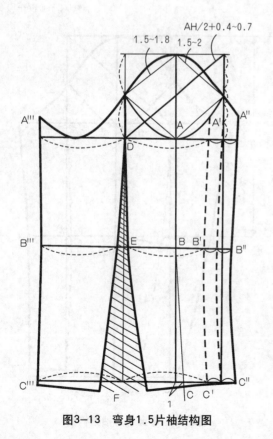

图3-13 弯身1.5片袖结构图

图3-14 弯身两片袖结构图

（1）根据袖窿风格确定袖山高，按前后袖山斜线长确定袖肥，按袖长、袖口、袖口前偏量2.5～4cm、袖肘线来作袖身外轮廓图。

（2）距前袖轮廓线2.5～4cm处作前袖偏量ABC，并向前袖轮廓线作垂直展开到A'B'C'，距后袖轮廓线0～4cm处作后偏袖量DEF，并向后袖轮廓线作垂直展开成D'E'F'。由于后偏袖量上下可不同，故可形成两种不同的袖身造型。

（3）画顺袖山弧线、袖身外轮廓线和袖口线。

2. 衣袖变化结构实例

1）袖山部位抽褶袖（泡泡袖）

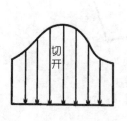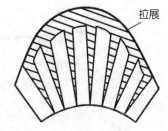

图3-15　袖山部位抽褶袖（泡泡袖）结构图

其制图方法如图3-15所示：

（1）确定袖山、袖身风格，按袖长、袖山高、袖山斜线长（按袖山风格适当取值）、袖口大，画基本圆袖结构图。

（2）按造型需要在体现袖山抽褶风格的部位进行剪切、拉展褶量。一般袖山抽褶量按下列规律设计：

① 部分袖山以上部位抽褶，总抽褶量≤0.3×需抽褶的袖山弧长。

② 袖山线上部位抽褶袖，总抽褶量＝（0.3～0.5）×需抽褶的袖山弧长。

③ 部分袖身以上部位抽褶袖，总抽褶量＝（0.5～0.7）×需抽褶的袖山弧长。

④ 袖口以上整体袖身抽褶袖，总抽褶量＝（0.7～1）×需抽褶的袖山弧长。

2）袖口抽褶袖（喇叭袖）

其制图方法如图3-16所示：

（1）确定袖山、袖身风格，按袖长、袖山高、袖山斜线长（按袖山风格适当取值）、袖口大，画基本圆袖结构图。

（2）按造型需要在体现袖口抽褶风格的部位进行剪切、拉展褶量。一般袖口抽褶量按下列规律设计：

① 部分袖身下部位袖口抽褶袖，总抽褶量＝（0.5～0.7）×袖口大。

② 袖山线以下的袖山部位袖口抽褶袖，总抽褶量＝（0.7～1）×袖口。

③ 整体袖身的袖口抽褶袖，总抽褶量＞袖口。

上述风格的袖口抽褶袖，其抽褶量的分配总是后袖口抽褶量大于前袖口抽褶量。当袖山部位和袖口部位抽褶同时并存时，其制图方法与上述两者相同。

3）袖山垂褶袖

该袖是在袖山上剪开、拉展、形成垂褶的结构袖。其制图方法可以用基础图形剪切、拉展而成的方法，也可以用几何制图法（见图3-17）。

（1）在基本袖结构上定出放垂褶的部位和方向，AB、CD、EF分别为三条垂褶位置线，如图3-17(a)所示。

（2）如图3-17（d）所示，在袖山A点处取袖山对角线长＋褶裥量（3×3）为半径，A点为圆心

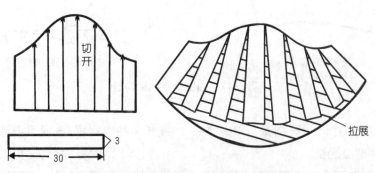

图3-16　袖口抽褶袖（喇叭袖）结构图

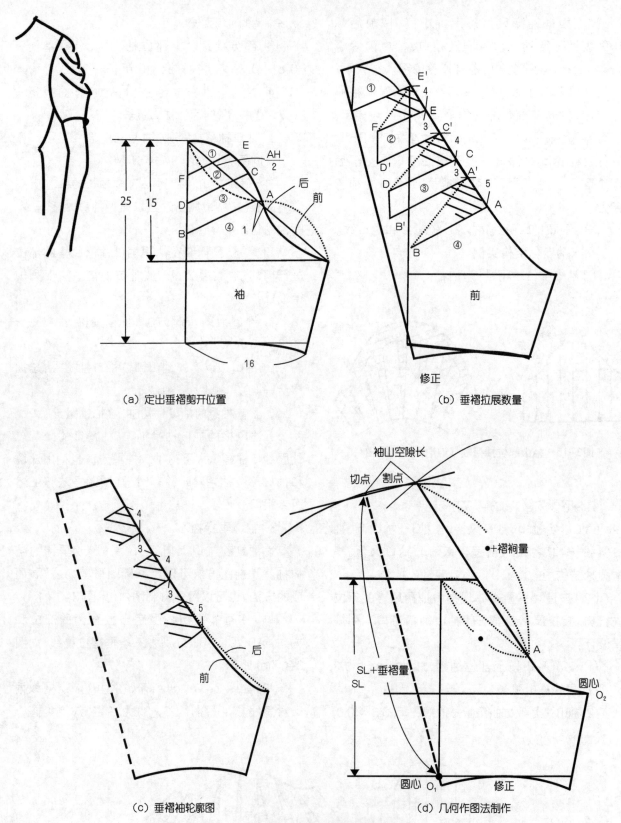

（a）定出垂褶剪开位置

（b）垂褶拉展数量

修正

（c）垂褶袖轮廓图

（d）几何作图法制作

袖山空隙长

切点 割点

•+褶裥量

SL＋垂褶量
SL

圆心 O₁   修正   圆心 O₂

图3-17 袖山垂褶袖结构图

画弧,在袖口 O₁ 点处以袖长＋垂褶量((3～4) ×3)为半径,O₁ 点为圆心画弧。

（3）画直线,分别与两个圆弧相切和相割,直

线长为袖山空隙,一般可设计成 8～12cm。

（4）最后将袖口处修成圆弧状,后袖身与前袖身基本相同,只是袖山弧线略有差异。

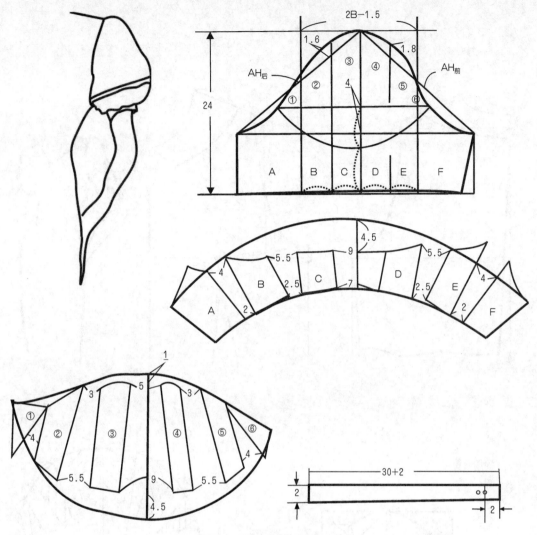

图3-18　灯笼袖的结构图

4）灯笼袖

灯笼袖的结构图如图3-18所示,制图步骤如下:

（1）以袖长24cm,袖肥（0.2B-1.5）cm,袖山斜线取前AH、后AH相交于袖山顶点。画顺袖外轮廓线。

（2）将袖山高水平抬高4cm,相交于袖山两端的袖山弧线,纵向取袖山高水平抬高线至袖口线1/2长度处,用弧线横向分割袖山。

（3）把袖肥进行纵向分割成B、C、D、E四等分,剪开各条分割线。

（4）左右拉展袖山部分褶裥量,袖山顶点处加高1cm,沿袖中线下口往下量4.5cm,画顺袖山部分外轮廓线。

（5）左右拉开下袖部位的褶裥量,下袖上口加长4.5cm,画顺下袖部分的外轮廓线。

（6）画出袖克夫,长32cm（包括2cm叠门）,宽2cm。

5）郁金香袖（花瓣袖）

郁金香袖的结构图如图3-19所示,制图步骤如下:

（1）以袖山高17cm,前袖山斜线OB=前AH+吃势-1.3cm,后袖山斜线OC=后AH+吃势-1cm,确定袖肥,袖山高向下量6cm为袖长线（袖口线）,袖口大为袖肥线内收3.5cm,画顺袖山外轮廓线。

（2）在袖山顶点O向上量取12cm定点A,左右各取5cm,分别与袖肥线B、C点连接,修正

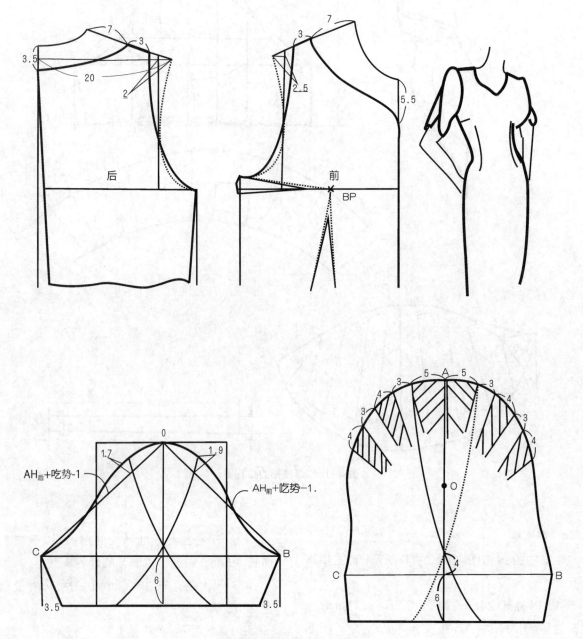

图3-19 郁金香袖的结构图

画顺外轮廓线,前、后袖山各设计两个4cm的褶量,间距3cm。

（3）过袖肥线向上4cm取D点,过前袖山第一对褶裥处与D点画弧形分割线并与后袖口弧线光滑连接,画出后袖片分割线。前片分割线。做法相同。

6）羊腿袖

羊腿袖的结构图如图3-20所示,制图步骤如下:

（1）以袖长57cm,袖山高16cm,袖山斜线长（按较贴体风格设计取值）,袖口大20.5cm,袖口偏量2.5cm,制作出弯身一片袖,袖肘收省

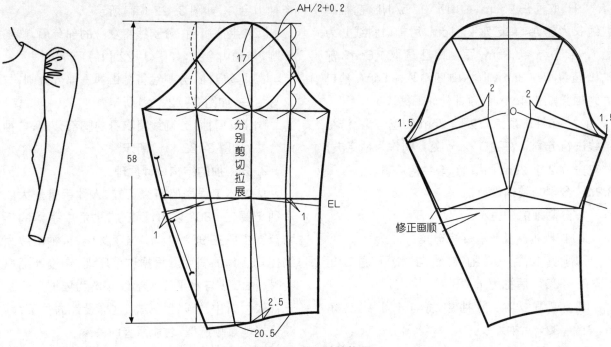

图3-20 羊腿袖结构图

1cm。

（2）沿袖中线从袖山顶点至袖肘线剪开，沿袖肥线和袖肘线左右剪开，在袖山顶点处拉开10cm的褶裥量。

（3）左右袖肥线各拉开2cm，使袖山高增加3cm，在袖山高线的两端各抬高1.5cm，然后画顺袖外轮廓线。

7）短袖分割袖

短袖分割袖的结构图如图3-21所示，制图步骤如下：

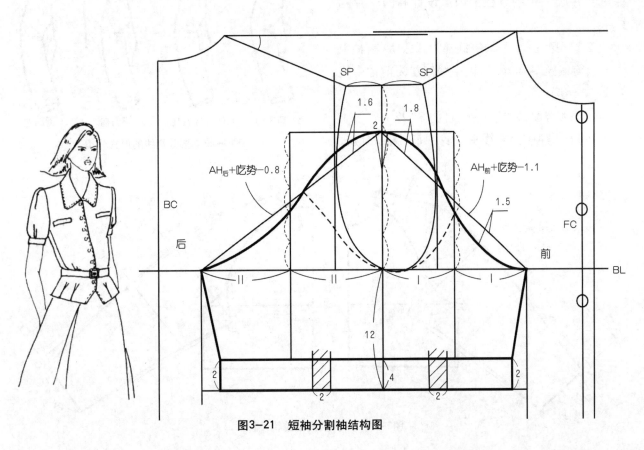

图3-21 短袖分割袖结构图

（1）取袖长 26cm，袖山高 0.75AHL，前袖斜线长为前 AH+ 吃势 −1.1cm，后袖山斜线长为后 AH+ 吃势 −0.8cm，后袖山凸量取 1.6cm，前袖山凸量取 1.8cm，前袖山凹量取 1.5cm，袖口大为袖肥减去 4cm，画顺袖外轮廓线。

（2）在袖山顶点处去除 2cm 的吃势量，沿袖中线进行分割。在袖口 4cm 处分割作为袖克夫，袖克夫收 2 个 2cm 的褶裥，合并褶裥量。

3.2.2 分割袖结构设计

1. 分割袖的种类

1）按照袖身宽松程度来分类

（1）宽松袖：前袖中线与水平线交角 α＝0 ~ 20°，后袖为 α；

（2）较宽松袖：前袖中线与水平线交角 α＝21° ~ 30°，后袖为 α；

（3）较贴体袖：前袖中线与水平线交角 α＝31° ~ 45°，后袖为 α−（0 ~ 2.5°）；

（4）贴体袖：前袖中线与水平线交角 α＝0 ~ 20°，后袖为 α−（α−40°）/2。

2）按照袖身造型分类

（1）直身袖：袖中线形状为直线，故前、后袖可合并成一片袖或在袖山上设计省的一片袖结构。

（2）弯身袖：前后袖中线都为弧线状，前袖中线一般前偏量≤3cm，后袖中线偏量为前袖中线偏量 −1cm。

3）按照分割线的形式分类（图 3−22）

（1）插肩袖：分割线将衣身的肩、胸部分割，与袖山合并，如图 3−22（a）所示；

（2）半插肩袖：分割线将衣身的部分肩、胸部分割，与袖山合并，如图 3−22（b）所示；

（3）落肩袖：分割线将袖山的一部分分割，与衣身合并，如图 3−22（c）所示；

（4）覆肩袖：分割线将衣身的胸部分割，与袖山合并，如图 3−22（d）所示。

2. 分割袖的结构设计原理

从人体工程学的研究可知，人体手臂最大的活动范围在 180° 以内，而日常生活中手臂的活动范围主要在 90° 以内。当手叉腰时，袖山线大约在 45° 角的斜度。根据这个原理，在设计插肩袖时，袖山线与水平线大都以 45° 为依据。这是一种较为折中的设计方法。这样设计的袖子，能够较好地兼顾造型、功能两者的关系。

3. 分割袖的结构制图方法

1）直身形分割袖（一片插肩袖）

其结构制图如图 3−23 所示。

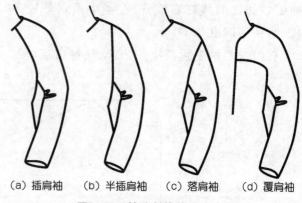

(a) 插肩袖　(b) 半插肩袖　(c) 落肩袖　(d) 覆肩袖

图3−22　按分割线的形式分类

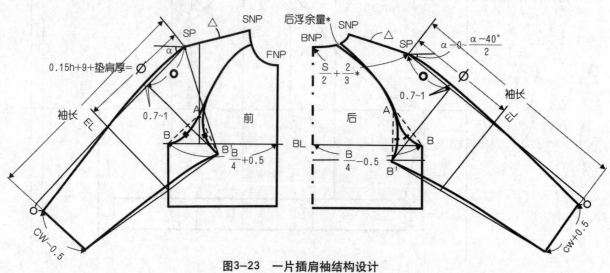

图3−23　一片插肩袖结构设计

（1）在前衣身 SP 处画与水平线成 α 角的袖中线（α=0～45°），在袖中线上取袖长，取袖肘长 =0.15h（身高）+9cm+ 垫肩厚，在袖口处向内撇去约为 0～2cm 的长度，画袖口线与袖中线垂直，取袖口大 = 袖口 −0.5cm。

（2）取袖山高 =0～9cm（α=0～20°）；或袖山高 =9～13cm（α=21°～30°）或袖山高 =13～17cm（α=31°～45°）或袖山高 >17cm+ ≤ 2cm（α=46°～65°），在前袖窿弧线与前胸宽线相交点 A 处（根据效果图确定 A 点位置），交于袖山高，取 AB=AB'，确定袖肥，并连

接袖口，按造型画顺袖中线和袖底线，然后按造型要求自领窝部位向袖窿处画插肩衣袖分割线。

（3）在后衣身 SP 处画袖中线，与水平线的夹角为 α−0～（α−40°）/2。其余线条画法与前袖相同，袖山高也与前袖同，且要求 AB=AB'，最后画顺袖中线和袖底缝。按造型要求自领窝部位向袖窿处画分插肩分割线。

2）弯身贴体插肩分割袖（两片插肩袖）

其结构制图如图 3-24 所示。

（1）在前衣身 SP 处画与水平线成 α 角的袖中线（α=46°～65°），在袖中线上取袖长，取袖

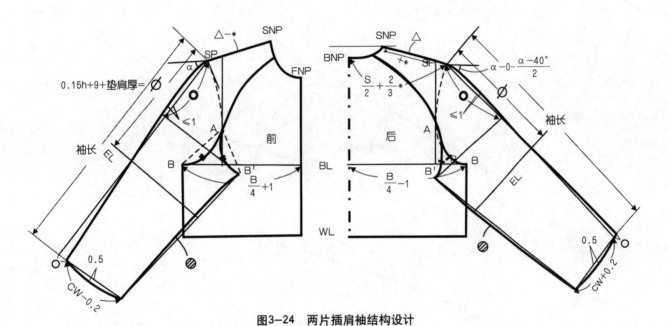

图3-24　两片插肩袖结构设计

肘长 =0.15h（身高）+9cm+ 垫肩厚，在袖口处向内撇去约为 2～3cm 的长度，画袖口线与袖中线垂直，取袖口大 = 袖口 −0.2cm，袖口凸量为0.5cm。

（2）取袖山高 ≥ 19cm，取 AB=AB'，得到袖肥，画顺袖底缝和袖口线，按造型要求画准插肩袖分割线，要求袖底部与袖窿的凹量尽量相同，前袖缝画成凹状弧线。

（3）在后衣身 SP 处画与水平线的夹角为α−0～（α−40°）/2 的袖中线。在后袖中线上取袖长，在袖口处向外偏量为前袖偏量 −0.5cm。取后袖山高 = 前袖山高，且要求 AB=AB'，画插肩袖后分割线。使袖山底部凹量与袖窿凹量尽量相同，后袖窿画成凹状弧线。

3.2.3 连身袖结构设计

1. 连袖的分类

连袖是圆袖与衣身组合连在一起的袖型。连袖按照袖中线与水平倾斜角 α 的大小进行分类，可分为以下三种（见图 3-25）：

1）宽松型连袖

前角 α=0～20°，后角为 α'=α，此类袖下垂后袖身有大量的褶皱，形态呈宽松风格。

2）较宽松型连袖

前角 α=21°～30°，后角为 α'=α，此类袖下垂后袖身有较多的褶皱，形态呈较宽松风格。

3）较贴体连袖

前角 α=31°～45°，后角为 α'=α−（0～2.5°），此类袖下垂后袖身有少量的褶皱，

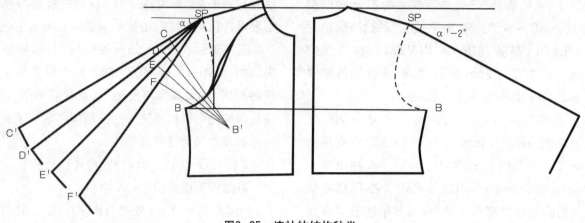

图3-25　连袖的结构种类

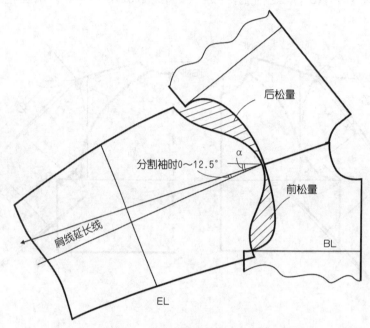

图3-26　连袖的结构设计原理

形态呈较贴体风格。

2. 连袖结构设计原理

连袖是将圆袖袖身与衣身合并,组合成新的衣身结构,如图3-26所示,在衣身上将圆袖的袖山大部分袖山缝缩量去除后,将袖山与衣身合并,拼合时袖中线与水平线间倾斜角 α 可取三类角度,且倾斜角 α 与连袖袖山高具有一定的对应关系:

① α=0 ～ 20°,袖山高 AT 为 0 ～ 9cm+ ≤2cm,连袖成宽松型风格。

② α=21° ～ 30°,袖山高 AT 为 9 ～ 13cm+ ≤2cm,连袖成较宽松型风格。

③ α=31°～ 45°,袖山高 AT 为 13 ～ 16cm+ ≤2cm,连袖成较贴体型风格。

圆袖与衣身拼合组成连袖时,其圆袖的袖身可以是直身也可以是弯身形状,这样组合成的连袖也是直身型和弯身型。

3. 连袖的结构制图方法

以较宽松风格连袖(α=21° ～ 30°)结构制图为例:

(1)在前衣身SP处,画与水平线成 α=21° ～ 30° 的袖中线,取长为袖长,画袖口线与袖中线垂直,前袖口大 = 袖口大 –0.5cm 左右。

(2)取前袖山高 =9 ～ 13cm+ ≤2cm,在前袖窿弧线与前胸宽线相交点 A 处取 AB=AB',交于袖山高线,得到袖肥尺寸。

(3)将袖中线与袖底线根据造型效果的需要画顺。

（4）在后衣身 SP 处,画与水平线成 α° 角的直线,取长为袖长,画袖口线与袖中线垂直,后袖口大 = 袖口大 +0.5cm 左右。

（5）取后袖山高 = 前袖山高,且在后袖窿弧线与后背宽线相交的点 A 处取 AB=AB',交于袖山高线,得到后袖肥尺寸。

（6）将后袖中线及袖底线根据造型效果画顺时,应使后衣袖与衣身的交点长度,与前衣袖与衣身的交点长度相同,前后袖底缝长度应等长（见图 3 − 27）。

4. 插肩袖和连袖实例分析

1）方形袖窿插肩袖

方形袖窿插肩袖的结构图如图 3-28 所示,

袖长 =59cm,袖口 =15cm,制作较宽松风格的插肩袖。

制图时,取 α =30°～ 40°,后片取 α'= α－2°,首先按照常规插肩袖方法制图,然后将袖肥适当放大,袖底缝适当放长,使袖山形状呈折线状,每个边都相应地与袖窿缝相等。

2）贴体型弯身落肩袖

其结构制图方法如图 3-29 所示:

（1）延长肩斜线,肩端点 SP 外移 ∅ 到 SP' 点,作前袖山角 α =31°～ 45°,后袖山角 α'=α－0°～ 2.5°;

（2）作 袖 长,袖 肘 线 =0.15h+9+ 垫肩厚,前后袖口偏移量为〇,前袖口大 = 袖口

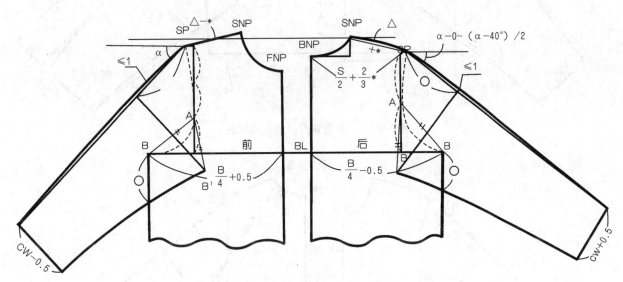

图3-27 较宽松连袖结构图

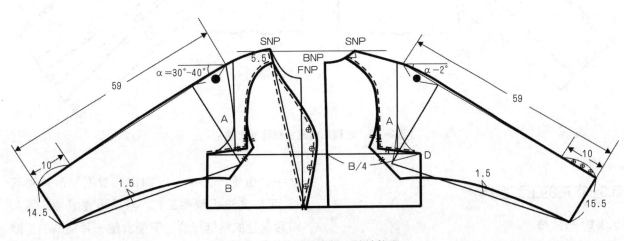

图3-28 方形袖窿插肩袖结构图

大 −0.6cm，后袖口大 = 袖口大 +0.6cm，袖山高 =14 ～ 18cm。

（3）根据效果图在前后衣身上作落肩分割缝，确定好袖肥，画顺袖底缝和袖口线。

（4）检验并画顺前后袖底缝和袖中缝。

3）前圆后插型三片贴体插肩袖

结构制图见图 3−30 所示，袖长 =57cm，前

袖山缝缩量 =1.3cm，袖口 =15.5cm。

制图时，在衣身上分别画前袖（ α =45°）、后袖（ α'=45°−2.5°）。前袖作成圆袖结构，将前袖身分割成两片，前偏袖量取 3cm，使 AB=A'B'；将后袖身也分割成两片，后偏袖量取 2cm，使 CD=C'D'。注意要使 EF=GH，两者拼合后形成小袖片。

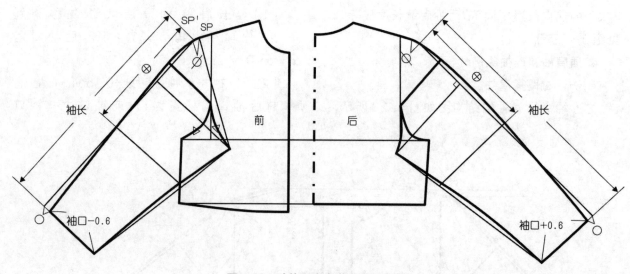

图3−29　贴体型弯身落肩袖结构图

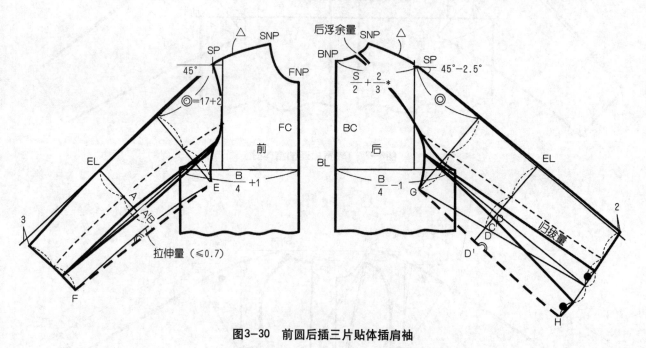

图3−30　前圆后插三片贴体插肩袖

3.3　衣袖的工艺制作

3.3.1　一片袖

一片袖主要适用于衬衫和部分茄克衫等服装

之中。由于一片袖的缝制工艺难度较两片袖简单，可以先进行缲袖工艺，然后再完成袖底缝与前后衣片的侧缝缝合。下面介绍一片袖的工艺制作，其详细工艺步骤见表 3−2。

表 3-2　一片袖的工艺制作图示

工艺内容	图　示	工艺方法及要求、使用工具
1. 缝合袖口贴边与袖片，扣烫袖口贴边	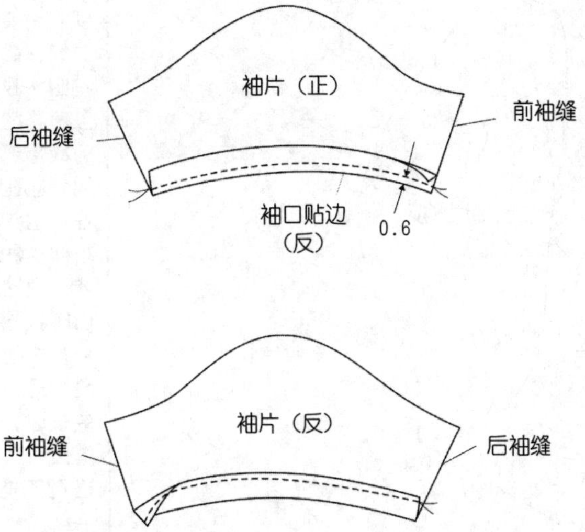 袖片（正） 后袖缝　前袖缝 袖口贴边（反）　0.6 袖片（反） 前袖缝　后袖缝	一片袖在袖口处有弧度弯势，可以采用加袖口贴边工艺，这样缝制后袖口能达到平服效果。裁配袖口贴边一般选用横料或斜料，尺寸宽度不易太宽。 　　将袖片与袖口贴边正面叠合，袖片放下层，袖口贴边放上层，然后沿边缝合，缉缝0.6cm。扣烫袖口贴边上口，扣烫缝份0.6cm，然后把缝合后的袖口贴边朝袖片反面折转，并扣烫袖口贴边下口。接着沿袖口贴边上口缉线，缉缝0.1cm。高档丝绸服装可用手工缲袖口贴边。 　　使用工具：单针平缝机。
2. 缉缝袖山头吃势	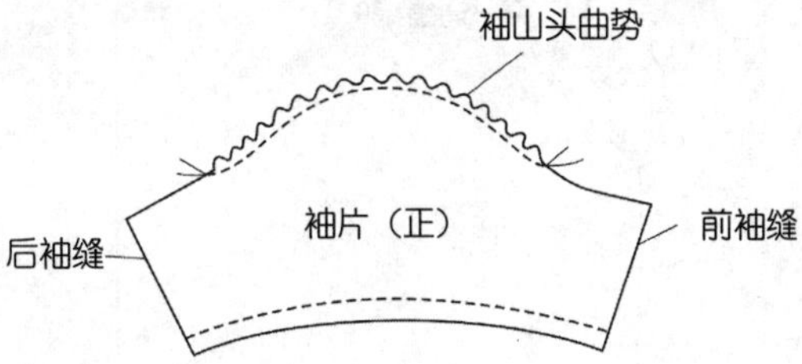 袖山头曲势 后袖缝　袖片（正）　前袖缝	在前后袖山头缝份处缉缝吃势，袖山头两侧斜势部位须多收拢些，袖山头中间部分略少收拢。 　　使用工具：单针平缝机。
3. 绱袖	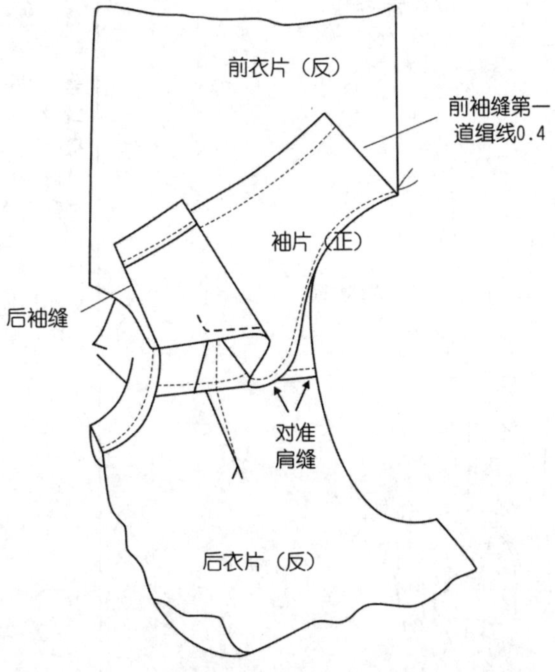 前衣片（反） 前袖缝第一道缉线0.4 袖片（正） 后袖缝 对准肩缝 后衣片（反）	采用来去缝工艺绱袖。

工艺内容	图　示	工艺方法及要求、使用工具
		首先把袖片与前后衣片袖窿处反面相对，衣片放置下层，袖片放在上层，并以前袖缝对正前衣片摆缝。先绱袖片第一道缉线，缉缝0.4cm，要求袖片上袖山头眼刀对准肩缝，同时衣片上肩缝往后片方向坐倒。若袖片弧线与前后衣片袖窿长度有出入时，应在袖窿凹势处作调整，而在袖山头眼刀位置附近不能随意拉伸。然后，缝缉袖片第二道缉线：把袖片与前后衣片袖窿处缝份修剪光洁，留缝份0.3cm，然后把袖片与衣片翻转后正面相叠，缝缉第二道缉线，缉缝0.5cm。要求边缝缉边用手指捻足第一道缝份，最后前后衣片与袖窿正面检查不能露出第一道缉线缝份毛丝。 　　使用工具：单针平缝机。
4. 缝合袖底与摆缝		采用来去缝工艺缝合袖底与摆缝。把袖片与衣片摆缝反面相叠，袖缝对准并向袖口方向坐倒，先缝合袖底与摆缝第一道缉线，缉缝0.4cm，然后把袖底与摆缝第一道缉线缝份修剪光洁，留缝份0.3cm，然后把经过修剪后的袖底与摆缝翻转后正面相叠，缝缉第二道缉线，缉缝0.5cm。与绱袖片相同，要求边缝缉边用手指捻足第一道缝份，最后前后衣片摆缝与袖底缝正面检查，不能露出第一道缉线缝份毛丝。 　　使用工具：单针平缝机。

86

3.3.2 装袖克夫

装袖克夫的衬衫袖口多适用于长袖衬衫。下面介绍袖克夫的工艺制作,其详细工艺步骤见表3-3。

表3-3　装袖克夫的工艺制作图示

工艺内容	图　示	工艺方法及要求、使用工具
1.缉缝袖克夫衬	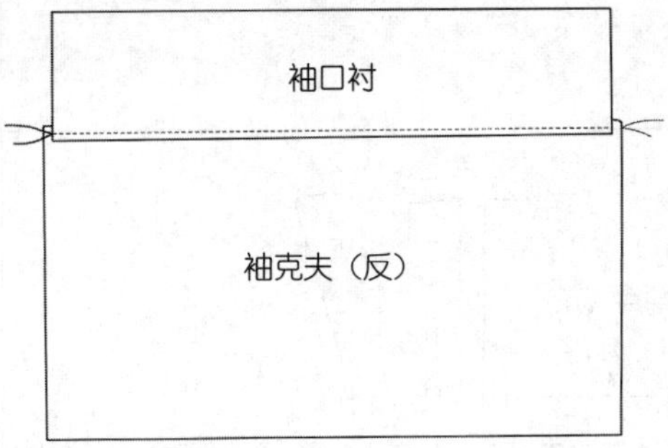 袖口衬 袖克夫(反)	把袖克夫反面向上放在下层,袖口衬放在袖克夫上,用搭缉缝方法缉缝,搭缉缝份为1cm,在搭缉缝中间缉线一道。 使用工具:单针平缝机。
2.翻折袖克夫衬	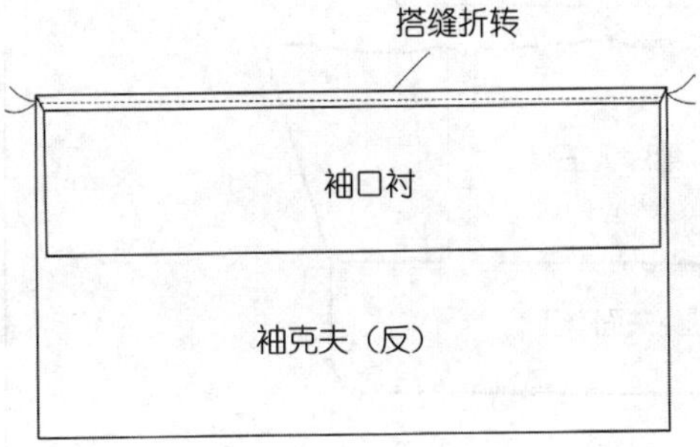 搭缝折转 袖口衬 袖克夫(反)	在搭缉缝缝份上稍刷薄浆,将袖口衬折转并熨烫,若袖口衬为黏合衬,则将袖克夫与衬口黏合固定。 使用工具:单针平缝机、熨斗。
3.缝合袖克夫面与里	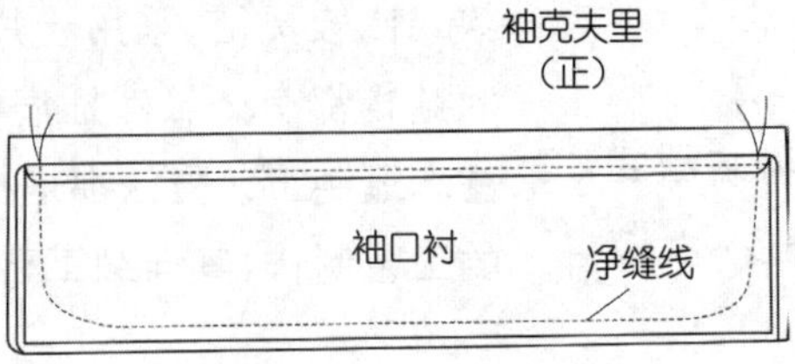 袖克夫里 (正) 袖口衬　净缝线	把袖克夫面与里正面折叠,然后用袖克夫净样板在袖口衬上画出净缝线,再按画线要求沿线缝合,缉缝0.8cm,袖克夫圆角两端要求对称一致。 使用工具:单针平缝机。
4.修剪缝合缝份	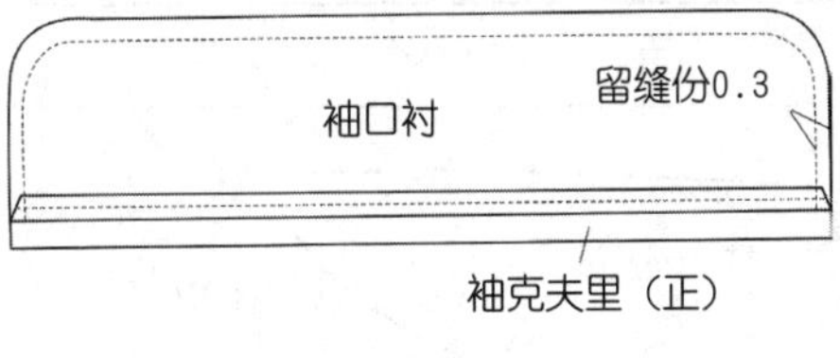 留缝份0.3 袖口衬 袖克夫里(正)	把经过缝合后的袖克夫缝份修剪整齐,两端圆头修剪圆顺,修剪后留缝份0.3cm。 使用工具:单针平缝机、剪刀。
5.翻烫袖克夫	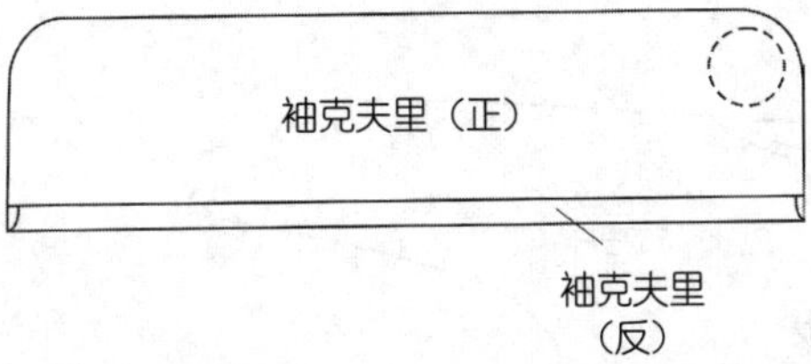 袖克夫里(正) 袖克夫里 (反)	用圆头样板(可用一分钱硬币)顶住袖克夫圆头缉线,然后把袖克夫正面翻出,并把袖克夫熨烫平整,要求两端圆头对称,袖克夫面、里有里外匀坐势。 使用工具:熨斗。

工艺内容	图　示	工艺方法及要求、使用工具
6. 扣烫袖克夫里下口	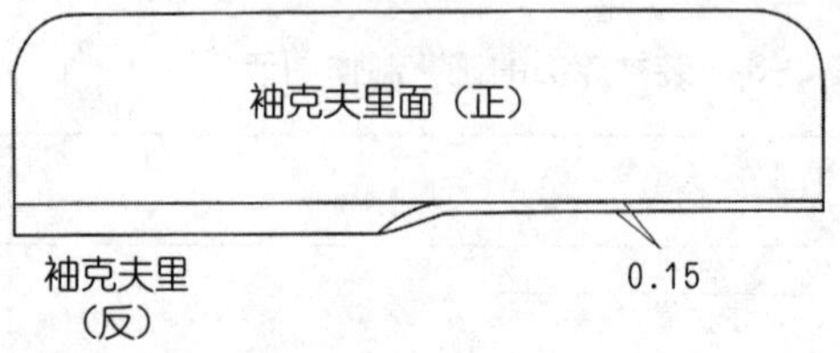	先把袖克夫里下口缝份按袖克夫面下口包转扣烫一下，然后把袖克夫里缝份塞进夹层，扣烫后的袖克夫里应比面多出余量0.15cm。 使用工具：熨斗。
7. 绱袖克夫	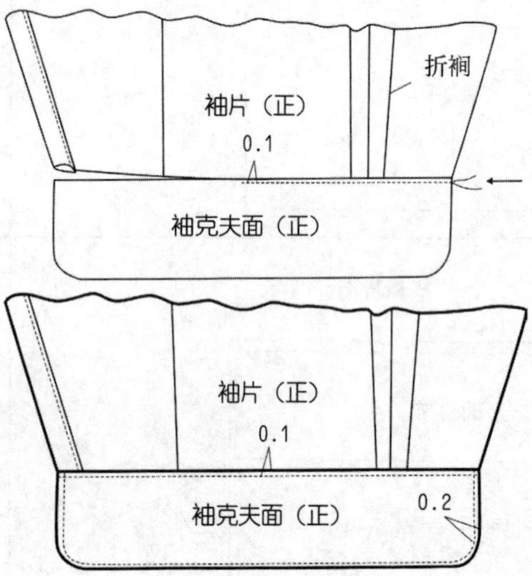	绱袖克夫之前，必须完成绱袖、缝合摆缝和袖底缝等工序操作。用夹缉方法绱袖克夫：将袖片两端的袖衩修剪整齐，把袖片塞入袖克夫面、里夹层中间，袖衩门襟要折转，里襟放平，袖裥三只全部朝后袖方向折转，袖口两端用锥子顶足袖衩后缝缉袖克夫，夹缉缝份0.1cm。最后缉缝袖克夫面三边止口，缉缝0.2cm。 使用工具：单针平缝机。

3.3.3 插肩袖

插肩袖风格独特，形式不拘一格。男装款式一般比较固定，采用两片插肩袖结构居多；女装款式比较灵活，采用一片袖、两片袖、多片插肩袖的结构都有。虽然插肩袖结构有多种形式，但其基本缝制工艺方法都是相同的。下面介绍插肩袖的工艺制作，其详细工艺步骤见表3-4。

表3-4　插肩袖的工艺制作图示

工艺内容	图　示	工艺方法及要求、使用工具
1. 归拔前、后袖片	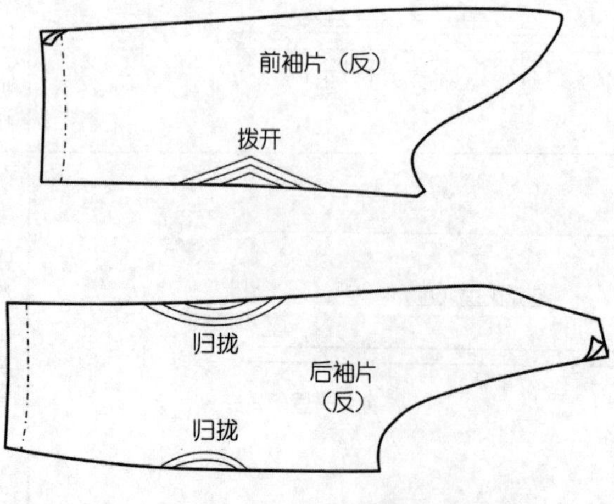	在前袖片内袖缝份处喷上细水，然后在袖肘处进行熨烫归拔；在后袖片内、外袖缝份的袖肘处进行归拔熨烫。 使用工具：熨斗。

工艺内容	图　　示	工艺方法及要求、使用工具
2. 拼缉外袖缝	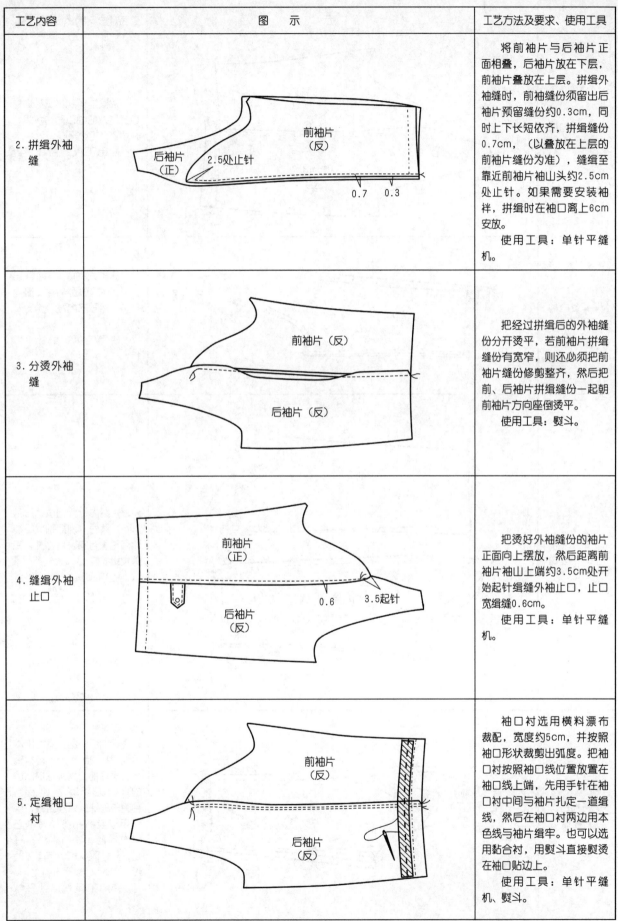	将前袖片与后袖片正面相叠，后袖片放在下层，前袖片叠放在上层。拼缉外袖缝时，前袖缝份须留出后袖片预留缝份约0.3cm，同时上下长短依齐，拼缉缝份0.7cm，（以叠放在上层的前袖片缝份为准），缝缉至靠近前袖片袖山头约2.5cm处止针。如果需要安装袖衩，拼缉时在袖口离上6cm安放。 　　使用工具：单针平缝机。
3. 分烫外袖缝		把经过拼缉后的外袖缝份分开烫平，若前袖片拼缉缝份有宽窄，则还必须把前袖片缝份修剪整齐，然后把前、后袖片拼缉缝份一起朝前袖片方向座倒烫平。 　　使用工具：熨斗。
4. 缝缉外袖止口		把烫好外袖缝份的袖片正面向上摆放，然后距离前袖片袖山上端约3.5cm处开始起针缉缝外袖止口，止口宽缉缝0.6cm。 　　使用工具：单针平缝机。
5. 定缉袖口衬		袖口衬选用横料漂布裁配，宽度约5cm，并按照袖口形状裁剪出弧度。把袖口衬按照袖口线位置放置在袖口线上端，先用手针在袖口衬中间与袖片扎定一道缉线，然后在袖口衬两边用本色线与袖片缉牢。也可以选用黏合衬，用熨斗直接熨烫在袖口贴边上。 　　使用工具：单针平缝机、熨斗。

工艺内容	图　示	工艺方法及要求、使用工具
6. 扣烫袖口贴边	前袖片（反） 后袖片（反）	按照袖长规格或袖口贴边宽度，把袖口贴边折转，并用熨斗扣烫平服。 使用工具：单针平缝机。
7. 缝缉内袖缝	前袖片（反）　后袖片（正）	把前后袖片内袖缝份上下口依齐后缝缉，缉缝1cm，然后把内袖缝份分开烫平。 使用工具：单针平缝机。
8. 拼缉内、外袖里缝	前袖里（反）　后袖里（正） 前袖里（反）	拼缉内、外袖里缝份各1cm，然后分别把袖里缉缝朝前袖里方向座倒扣烫，扣缝按缉线偏出0.1cm。 使用工具：单针平缝机。
9. 兜袖口、滴袖缝	袖里（反）　袖里（反）　略松　松	先将袖口面与袖口里一起兜缉袖口一圈，然后用本色线把袖口缝份与袖口衬甩牢。再将袖口里按袖口贴边的1/2宽度折转，且袖面与袖里前后袖缝对准重叠，手针用双股棉扎线，将袖面缝份与袖里缝份滴缝在一起，滴针时从袖口方向往上滴针。 使用工具：单针平缝机、手针。

工艺内容	图　示	工艺方法及要求、使用工具
10. 翻烫袖子、修剪袖夹里	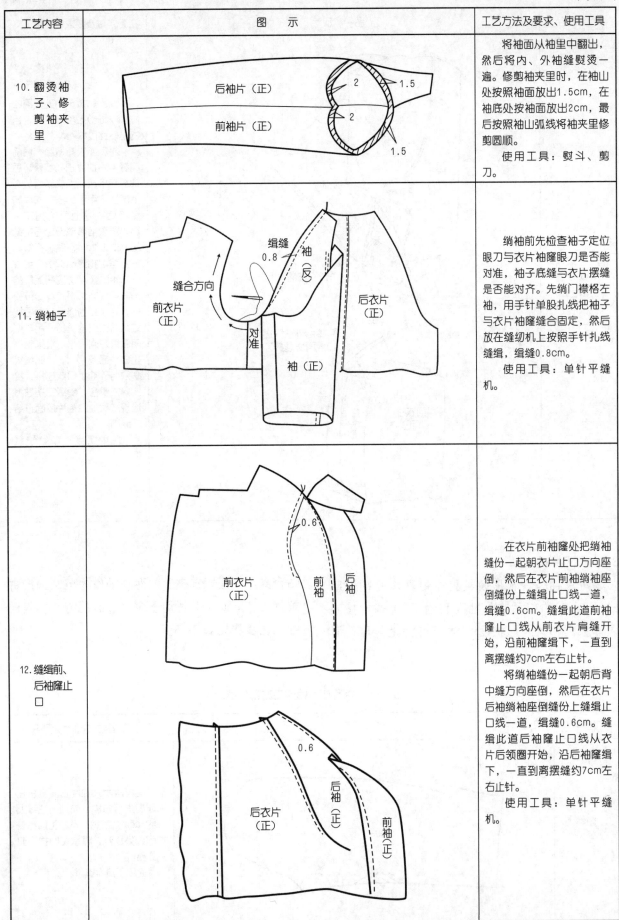	将袖面从袖里中翻出，然后将内、外袖缝熨烫一遍。修剪袖夹里时，在袖山处按照袖面放出1.5cm，在袖底处按袖面放出2cm，最后按照袖山弧线将袖夹里修剪圆顺。 　　使用工具：熨斗、剪刀。
11. 绱袖子		绱袖前先检查袖子定位眼刀与衣片袖窿眼刀是否能对准，袖子底缝与衣片摆缝是否能对齐。先绱门襟格左袖，用手针单股扎线把袖子与衣片袖窿缝合固定，然后放在缝纫机上按照手针扎线缝绱，绱缝0.8cm。 　　使用工具：单针平缝机。
12. 缝绱前、后袖窿止口		在衣片前袖窿处把绱袖缝份一起朝衣片止口方向座倒，然后在衣片前袖绱袖座倒缝份上缝绱止口线一道，绱缝0.6cm。缝绱此道前袖窿止口线从前衣片肩缝开始，沿前袖窿绱下，一直到离摆缝约7cm左右止针。 　　将绱袖缝份一起朝后背中缝方向座倒，然后在衣片后袖绱袖座倒缝份上缝绱止口线一道，绱缝0.6cm。缝绱此道后袖窿止口线从衣片后领圈开始，沿后袖窿绱下，一直到离摆缝约7cm左右止针。 　　使用工具：单针平缝机。

工艺内容	图　示	工艺方法及要求、使用工具
13. 缝绲肩缝及肩缝止口	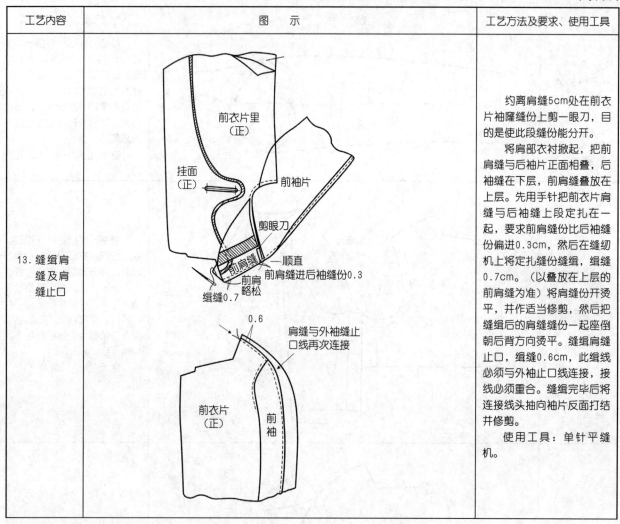	约离肩缝5cm处在前衣片袖窿缝份上剪一眼刀，目的是使此段缝份能分开。 　将肩部衣衬掀起，把前肩缝与后袖片正面相叠，后袖缝在下层，前肩缝叠放在上层。先用手针把前衣片肩缝与后袖缝上段定扎在一起，要求前肩缝份比后袖缝份偏进0.3cm，然后在缝纫机上将定扎缝份缝绲，绲缝0.7cm。（以叠放在上层的前肩缝为准）将肩缝份开烫平，并作适当修剪，然后把缝绲后的肩缝缝份一起座倒朝后背方向烫平。缝绲肩缝止口，绲缝0.6cm，此绲线必须与外袖止口线连接，接线必须重合。缝绲完毕后将连接线头抽向袖片反面打结并修剪。 　使用工具：单针平缝机。

前衣片里（正）
挂面（正）
前袖片
剪眼刀
前肩缝
顺直
前肩缝进后袖缝份0.3
前肩略松
绲缝0.7
0.6
肩缝与外袖缝止口线再次连接
前衣片（正）
前袖

3.3.4　两片袖

　　两片袖是现代服装袖型中最基本的袖子款式，因为它的前后衣片袖窿和袖子，是基本按照人体腋窝和臂膀形状设计的，穿在身上能显得服贴合身。下面以挂夹里的两片袖作为范例进行讲解其工艺。此工艺适用于全夹服装的缝制。其详细工艺步骤见表3-5。

表 3-5　两片西装袖的工艺制作图示

工艺内容	图　示	工艺方法及要求、使用工具
1. 归拔大袖片	大袖片（反）	可将两片大袖片正面叠合在一起后进行归拔，先在前袖缝上端约10cm处归拔，然后将前袖缝袖肘线处拔开并将余量归拢至偏袖线部位。 　使用工具：熨斗。

工艺内容	图　　示	工艺方法及要求、使用工具
2. 拼绱前 袖缝	大袖片（正） 小袖片（反） 放平　稍拉急　略层势	将大袖片和小袖片正面相叠，大袖片放在下层，小袖片放在上层。拼绱前袖缝时，在前袖缝上端约10cm处，大袖片需要略放层势，在前袖缝中段大袖片适当拉紧，下段平放，拼绱缝份1cm。 使用工具：单针平缝机。
3. 分烫前 袖缝	大袖片（反） 小袖片（反）	先将拼绱好的前袖缝份开烫平，然后在前袖缝中段将缝份略微伸长拔开，并将由此产生的回势归拢至大袖片偏袖线部位。 使用工具：熨斗。
4. 黏烫袖 口衬、 扣烫袖 口贴边	大袖片（反） 袖口衬　按袖口线放出1 小袖片（反） 大袖片 （反）　小袖片 （反）	取宽约5cm长条黏合衬，并将其黏合熨烫在袖口贴边部位上。 按袖长规格尺寸或袖口贴边宽度折转袖口贴边，然后用熨斗把袖口贴边扣烫平服。 使用工具：熨斗。
5. 拼绱、 分烫后 袖缝	小袖片 贴边 （正）　大袖片（反） 小袖片贴边 不必缝绱　此段大袖片略归拢	将大袖片与小袖片正面相叠，大袖片放在上层，小袖片放在下层，然后开始拼绱，缝份为1cm，在后袖缝上段约10cm处，大袖片要略放层势。 分烫后袖缝时，应分上、下两段熨烫，必要时可内衬垫"弓形烫板"将后袖缝份开烫平。分烫后袖缝完毕后，再将整个袖子的缝份及袖口熨烫一遍。 使用工具：单针平缝机。

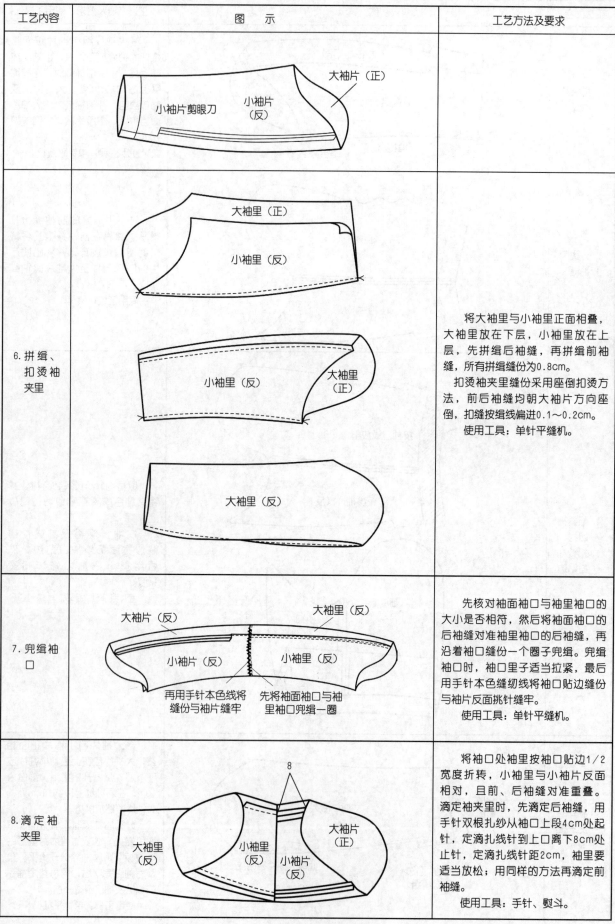

工艺内容	图　示	工艺方法及要求
	大袖片（正） 小袖片剪眼刀　小袖片（反）	
6.拼绱、扣烫袖夹里	大袖里（正） 小袖里（反） 小袖里（反）　大袖里（正） 大袖里（反）	将大袖里与小袖里正面相叠，大袖里放在下层，小袖里放在上层，先拼绱后袖缝，再拼绱前袖缝，所有拼绱缝份为0.8cm。 　扣烫袖夹里缝份采用座倒扣烫方法，前后袖缝均朝大袖片方向座倒，扣缝按绱线偏进0.1～0.2cm。 　使用工具：单针平缝机。
7.兜绱袖口	大袖片（反）　　　　大袖里（反） 小袖片（反）　小袖里（反） 再用手针本色线将缝份与袖片缝牢　先将袖面袖口与袖里袖口兜绱一圈	先核对袖面袖口与袖里袖口的大小是否相符，然后将袖面袖口的后袖缝对准袖里袖口的后袖缝，再沿着袖口缝份一个圈子兜绱。兜绱袖口时，袖口里子适当拉紧，最后用手针本色纫线将袖口贴边缝份与袖片反面挑针缝牢。 　使用工具：单针平缝机。
8.滴定袖夹里	8 大袖里（反）　小袖里（反）　大袖片（正） 小袖片（反）	将袖口处袖里按袖口贴边1/2宽度折转，小袖里与小袖片反面相对，且前、后袖缝对准重叠。滴定袖夹里时，先滴定后袖缝，用手针双根扎纱从袖口上段4cm处起针，定滴扎线针到上口离下8cm处止针，定滴扎线针距2cm，袖里要适当放松；用同样的方法再滴定前袖缝。 　使用工具：手针、熨斗。

工艺内容	图　示	工艺方法及要求、使用工具
9. 翻烫袖子、修剪袖夹里	小袖片（正）	把袖面从袖里中翻出，然后将前、后袖缝以及袖口熨烫平服。 修剪袖夹里时，在袖山高按袖面放出1cm，在袖底按袖面放出2cm，然后按照袖山弧线将袖夹里修圆顺。 使用工具：熨斗。
10. 缝烫袖山曲势	大袖片（正）　平　多　松　0.5　多	采用手针方法缝撬袖山弧线曲势，用单根棉扎线离袖山缝份边缘0.5cm，用撬针针法从前袖缝处起针，缝撬至后袖缝以下约5cm左右止针。 把缝撬好的袖山曲势按要求理顺均匀，然后分段放置在袖窿铁凳上，再将袖山曲势烫匀烫散。 使用工具：手针、熨斗。
11. 手绱袖子	眼刀对准	手绱袖子一般先绱门襟格左袖，将左面袖子的前袖底缝对准前衣片袖窿凹势处眼刀，然后在此起针绱袖。袖底至袖山头这段距离要求衣片袖窿翻转在正面，袖山头至后袖窿这段距离要求衣片袖窿翻转在反面，按此方法围绕袖山弧线一圈将整个袖子与衣片袖窿绱完。 一般缝份为0.8cm，用单股面扎线缝针针距0.7cm，绱袖时如果发现袖子吃势过多或过少现象，应在袖底处进行调整，如果袖山吃势过多，可适当把衣片袖窿挖深一点，如袖山吃势偏少，则可适当把袖子的袖底开深一点。 使用工具：手针。
12. 校正袖子前后		门襟左袖绱好之后，用手平托肩头或将其挂在衣架上，并把衣襟止口摆正，检查该袖子的前后是否适中（自然状态下，前袖缝应遮盖住口袋的一半）袖山曲势是否圆顺，袖山头横直丝缕是否平直，后背戤势是否自然，袖底与前袖是否有牵吊现象等。经检验后认为左袖符合要求，再用手将里襟右袖绱好。 里襟右袖从后背绱袖眼刀开始向袖山头起针绱袖，绱袖具体方法与左袖相同。右袖绱好之后，以同样的方法检查一遍，要求左右两袖对称一致无偏差。 使用工具：人台。

工艺内容	图　示	工艺方法及要求、使用工具
13. 缝缉袖子与袖隆	在前后肩缝下垫放斜料黑炭衬	手绱袖子之后，还必须用缝纫机缝缉袖子与袖隆，缝缉缝份为0.8cm。在缝缉袖子与袖隆时，必须随时用镊子压住袖子的各段吃势，并按袖隆弯势朝前推送缝缉至接近肩缝时，可在前后肩缝下垫斜料黑炭衬（长6cm，宽3cm）一块。 　　为了能使袖子前后饱满，可在缝缉袖子与袖隆完毕后，再按照原针迹覆盖缝缉针织复合绒条（即弹性棉：长40cm左右，宽5cm），绒条从前袖缝开始起针至后袖缝处止针。 　　缝缉袖子与袖隆时，左袖从袖底处起针缝缉，然后围绕袖隆兜缉一圈，右袖从后背眼刀处起针缝缉，同样围绕袖隆兜缉一圈。 　　使用工具：单针平缝机。
14. 轧烫袖隆		先将手绱左右两只袖子的扎线抽掉，注意不能把机缝的线拉断，然后把两只袖子的绱袖缝份逐段放置在铁凳上，刷上细水，用熨斗将袖子吃势烫匀烫散。 　　使用工具：熨斗。

思考与练习：

1. 掌握衣袖的分类方法。

2. 如何掌控好装袖时的衣袖缝缩量。

3. 用反射法作图配置弯身两片袖。

4. 两片插肩袖是如何制图的。

5. 掌握各种衣袖的工艺制作方法与步骤。

第4章 女装款式综合实例

4.1 女装整体分析

4.1.1 服装款式图与结构图的对应关系

款式造型的审视与分解是观察效果图所显示的款式功能属性、结构组成和工艺处理的方法。剖析款式的结构形式、规格和结构可分解特性，是从款式造型图分解成结构图的第一步设计工作，是结构设计的重要组成。

款式图分为款式效果图和款式造型图两种，其中效果图是以人体的着装状态为根本的，而款式造型图单单对服装进行描绘，是不穿着在人身上的。

款式效果图是设计者对所设计款式具体形象的表达，是款式设计部门与结构设计部门之间传递设计意图的技术文件，它包括对款式的线条造型、材料色彩、质地、加工工艺等外观形态的描写和艺术风格的表达。认真审视款式效果图，对于准确分析造型外观特征和结构之间的关系，深刻理解造型所寓于的艺术风格是十分重要的。

将立体的款式造型图分解成平面的衣片结构图，其包括以下程序：

（1）款式图的分析。甄别款式图描绘的服装线条哪些是服装结构线，哪些是为体现艺术效果而点缀的虚饰线条；分析结构线的性质，各线条的衔接关系，尤其是画面上省略的结构线需要画出完整的结构关系。

（2）控制部位的规格确定。可根据服装的宽松程度将服装的控制部位规格划分为几个等级。如款式为宽松风格，胸围可以比净胸围大20cm，而贴体非弹面料，胸围可以只比净胸围大4～6cm。

（3）细部结构的计算比例。根据服装所隶属的品种（外衣还是内衣）和款式常用的细部规格计算规律，再结合款式细部部位的特殊性进行考虑。

（4）特殊部位的结构分析。可以采用画出正视图、侧视图和剖视图的分析方法来确定特殊部位的结构线特征，必要时需要通过立体的想象来画出透视结构。

（5）内外层结构的吻合关系。总的原则是内层结构必须服从外层结构，内层材料不能牵制外层材料的动态变形，影响服装的静态外观。当外层结构决定后，内层材料要达到与外层吻合一致，尺寸需要基本相同（特殊情况下内层要稍松一点）。

4.1.2 衣身廓体与结构比例

衣身廓体是衣身经过各种结构处理后形成的主体外观形态。结构比例指前后衣身的胸围分配量分别占衣服胸围总量的比例数，是衣身结构设计中的重要指标。

1. 衣身廓体的分类

优美的服装廓体不但能造就服装的风格和品味，显露着装者个性，还能展示人体美、弥补人体缺陷和不足，增加着装者的自信心。廓体的特点和变化还起着传递信息、指导潮流方向的作用。

1）按照衣身整体造型分类

（1）H形：指宽腰式服装造型，弱化了肩、腰、臀之间的宽度差异，或偏于修长、纤细，或倾于宽大、舒展。外轮廓类似矩形，不凸显腰线位置，使整体造型类似字母H，具有线条流畅、简洁、安详、端庄等特点，在男装中运用较多。

（2）A形：指上窄下宽、上贴下松的服装造型，如字母A，其肩至胸部为贴身线条，自腰部向下散开，廓体活泼、潇洒，充满青春活力。在童装或童化女装中运用较多。

（3）T形：指上宽下窄的服装造型，夸张肩部，然后经过腰线、臀线渐渐收拢，上身呈宽松型，下身为贴身线条，整体类似字母T。为了强调肩宽，一般装有垫肩，颇有男性化特征，洒脱、大方。常运用于男装。

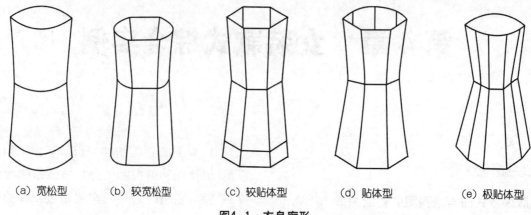

|（a）宽松型|（b）较宽松型|（c）较贴体型|（d）贴体型|（e）极贴体型|

图4-1 衣身廓形

（4）X形：指肩宽、细腰、大臀围和宽下摆的服装造型，如字母X，接近于女性体型的自然线条，具有窈窕、生动、优美的情调。

（5）O形：又称气球形。下摆收拢，中间膨胀，一般在肩、腰、下摆等处无明显分界和大幅度变化。其丰满、圆润、休闲的特点，给人以亲切柔和的自然感觉，多用于居家休闲装，童装中也有运用。

2）按照衣身宽松程度分类

按照从贴体到宽松衣身廓体可以分为：极贴体型、贴体型、较贴体型、较宽松型和宽松型。其立体几何形态如图4-1所示。该图中将衣身廓体抽象概括为若干个几何体，主要由胸围、腰围、臀围三个围度所构成，即衣身除袖窿外被抽象为五种立体状态，其形态的界定是由胸腰差、胸臀差的大小及结构所决定的。

2. 胸腰差、胸臀差的数值

衣身廓体的分类主要依据胸腰差的数值处理，其中宽松型胸腰差为 0 ~ 6cm，较宽松型胸腰差为 6 ~ 12cm，较贴体型胸腰差为 12 ~ 18cm，贴体型胸腰差为 18 ~ 24cm，极贴体型胸腰差为 >24cm。

胸臀差的数值根据造型分为合体型、小波浪型、波浪型。其中合体型的胸臀差为 3 ~ 0cm，小波浪型的胸臀差为 –4 ~ 0cm，波浪型的胸臀差为 ≤ –4cm。

3. 胸腰差、腰臀差的结构处理

衣身的胸腰差、腰臀差的结构形式可以用省道和分割线两种形式进行处理，用省道的形式只能单独解决胸腰差或臀腰差，而用分割线可以同时解决胸腰差和臀腰差。故合体卡腰型服装一般多用分割线的结构形式。如图 4-1：（a）中胸腰差、腰臀差的处理是用侧缝（本质是分割线）的形式解决；（b）中胸腰差、腰臀差的处理是用前后省道（分割线）的形式解决；（c）中胸腰差、腰臀差的处理是用侧缝 + 前后省道的形式解决；（d）中胸腰差、腰臀差的处理是用侧缝 + 腋下省（分割线）+ 背缝的形式解决；（e）中胸腰差、腰臀差的处理是用侧缝 + 前后各两条分割线形式解决。

4. 衣身比例

按图 4-1 五种立体形态展平的纸样，其衣身结构比例即前后衣身胸围分配量可以分为四分比例、三分比例和多分比例。

（1）四分比例：又称四开身服装，即以人体前后中心线为基准，将人体围度基本平均分为四份，左右两边出现侧缝，前后衣身的胸围分配基本上以 B/4 的形式出现，其展开图如图 4-2（a）所示。

（2）三分比例：又称三开身服装，以人体前后中心线为基准，前后衣身的胸围分配以 B/3 或 B/6 的形式出现，即由四分比例左右两边侧缝移位至后衣片的背宽线附近，其展开图如图 4-2（b）所示。

（3）多分比例：衣身为多片形式，即衣身胸围线可以任意分割形成的任意比例的形式，如公主线服装属于八分比例服装。其展开图如图 4-2（c）所示。

4.1.3 衣身结构平衡

服装结构平衡是指服装穿着于人体上时，外

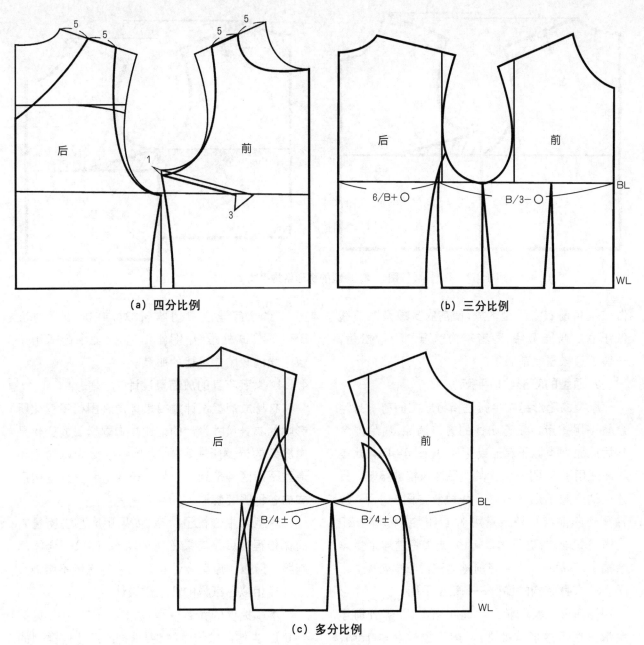

（a）四分比例　　　　　　　　　　　　　　（b）三分比例

（c）多分比例

图4-2　衣身的比例

观形态应该处于稳定平衡的状态，包括构成服装几何形态的各类部件和部件的外观形态平衡、服装材料的缝制形态平衡和服装色彩、图案的构成平衡。结构的平衡决定了服装的形态与人体的吻合程度以及在视觉中的美感，是评价服装质量的重要依据。

衣身结构平衡是指衣服在穿着状态时前后衣身在腰围线以上部位能保持合体、平整，表面无造型所产生的皱褶。要使衣身结构平衡，重要的是如何消除前浮余量。

在前面章节中关于前后侧缝差的处理时已经

提到消除衣身前浮余量的六种形式，归结起来可以总结为三种方法：梯形平衡、箱形平衡、梯形—箱形平衡。其中梯形平衡适合于宽松的服装，箱形平衡需要采用收省方法从而适合于贴体卡腰风格的服装，而梯形—箱形平衡则适合于中间状态的半合体服装。

1. 原型的梯形结构平衡

原型的梯形结构平衡是指将原型的前衣身浮余量采用下放的形式消除，消除浮余量后此原型类似于梯形（见图4-3）。此类平衡适用于宽腰服装，尤其是下摆量较大的风衣、大衣等。具体

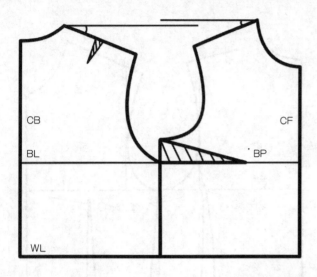 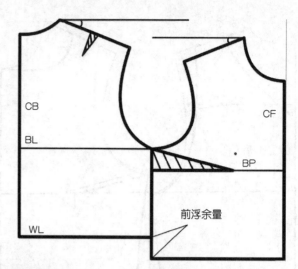

图4-3　原型的梯形结构平衡

做法是将前衣身原型下放,使前衣身原型腰节线低于后衣身腰节线,两者差为前浮余下放松量,一般下放松量≤前省量。

2.原型的箱形结构平衡

原型的箱形结构平衡是指将原型的前衣身浮余量采用省量或工艺归拢的方法消除,消除浮余量后此原型类似于箱形或矩形(见图4-4)。此类平衡适用于卡腰服装,尤其是贴体风格的服装。具体做法是将前后衣身腰节线放置在同一水平线,袖窿处的前衣身浮余量用对准BP或不对准BP的省道处理,或进行省道转移,或者将前浮余量浮余袖窿,然后在工艺中将前袖窿进行归拢处理。

3.衣身结构的梯形——箱型平衡

将梯形平衡和箱型平衡相结合,即部分前浮余量采用下放形式处理,一般下放松量≤1cm,

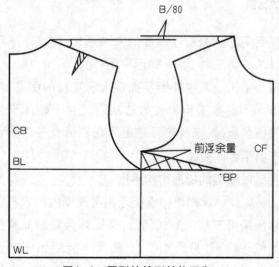

图4-4　原型的箱形结构平衡

另一部分前浮余量用收省(对准BP或不对准BP)的形式处理(见图4-5)。此类平衡适用于较卡腰的较贴体风格的服装。

4.1.4　女装衣身的放缩量设计

衣身放缩量设计主要是指由胸围松量变化所影响的衣身尺寸设计的配比。胸围松量的变化是由服装的分类所决定的,大体可以分为以功能和造型不同两种来划分。如基于合身和宽松结构形式的各种服装廓形等。

原型为中性松量状态,如果用成品去衡量它的宽松程度就是套装松量的状态,即较为合体的制服。所以用原型设计套装几乎对松量不增减。

1.相似形纸样的放缩量设计

本章提供的女装原型放松量为12cm(见图4-6)。当增加放松量时,要根据服装不同类型的造型要求有所区别,主要表现在合体型和宽松形的主体结构的追加松量的分配上。以外套为例,由于外套是和其他服装组合穿用的,内层服装和外套的空隙仍保持着一般衡定状态,虽增加了松量也只是为了内层服装所占有的容量而设计,而并非宽松量,因此它受人体运动机能的影响还很明显。从功能上分析,人体活动的常态往往是向前运动大于向后运动,这就要求在增加松量时,后身比前身要充分,使后身保持足够的活动量,前身则趋于平整。从造型上看,一般都希望前后身相对平服,为此,前、后中缝和前、后侧缝这四个有效追加量的部位就不能平等对待。根据适

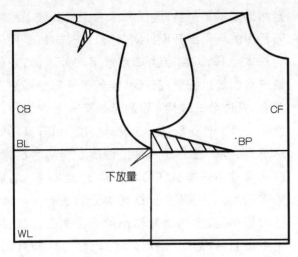
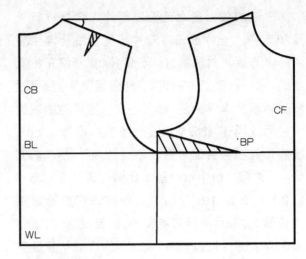

图4-5 原型的梯形——箱型结构平衡

用和造型的原则,其追加松量从大到小的配比依次为后侧缝、前侧缝、后中缝和前中缝。其中前后中缝最小且接近或相等。在实际操作时,可以参考几何级数递减的方式进行,即 4 : 2 : 1 : 1=后侧缝 : 前侧缝 : 后中缝 : 前中缝。

胸围收缩量的分配原则与放松量刚好相反,但收缩的范围很小,更多的情况只在前侧缝处作收缩处理。例如原型的基本放松量是 12cm,在前侧缝处收缩 3cm,在总量上就会减少 6cm,成衣还会余出 6cm,这种松度已经非常合体了,类似旗袍的松量。如果是净尺寸甚至还小于净尺寸的内衣和晚礼服的设计,可参照净尺寸计算公式进行。

长度放松量是根据胸围的放松量比例进行合理分配的,长度放松量主要是通过袖窿开深、肩升高、肩加宽和后颈点上升完成的。由于主体结构是合体型的,增量以后的基型应与原型呈相似形的状态。因此,围度增加和长度增加应保持一定的正比关系,其合体结构的基本特征才不会改变。根据这种原则,可以得出一系列的相似形放松量的关系式:

肩升高量参数源于前后中缝的放松量之和,比例原则为:后肩大于前肩约等于 2 : 1;肩加宽量等于前后中缝放松量之和的 1/2;后颈点升高量等于后肩升高量的 1/2;前领口开深量等于前中缝放松量;袖窿开深量等于侧缝放松量减去肩升高量的 1/2,在实际应用中可以将此量作为袖窿开深调节的设计范围。腰线向下调节量等于袖窿开深量的一半。

根据上述分析,可用实例来对相似形纸样的放松量加以设计说明(图 4-6、4-7)。

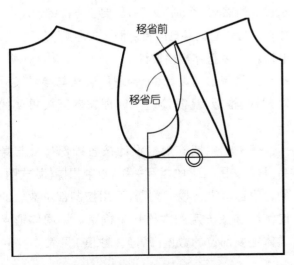

图4-6 有省的基本原型设计

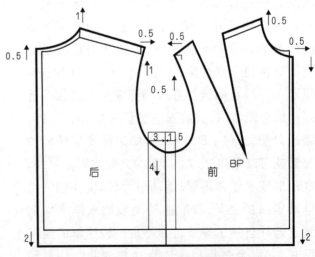

图4-7 相似形放松量设计

在追加放松量之前要对前片浮余量进行处理和选择。一种是先将前片原型腰线处浮余量的一半与后片对位的方式分解掉，重新修正袖窿曲线；另一种是若有胸省设计（包括撇胸）则通过胸省转移分解浮余量，袖窿不变。这两种情况要做好后才再追加松量。设胸围追加量为12cm，按照几何级数分配与微调原则，即后侧缝：前侧缝：后中缝：前中缝的基本比例应该是3:1.5:1:0.5或2.5:1.5:1:1。分配技巧在把握原则的基础上，采寸要尽可能整齐，计算要方便，或者强调哪个部位可以倾斜。总之，围度放松量要在分配原则的基础上，根据造型和运动功能的需要灵活掌握，但不能违反分配原则，如前侧缝追加量大于后侧缝，后肩缝升高量等于前、后中缝放松量之和的2倍，后肩是1cm，前肩是0.5cm。根据需要也可以不分解，全部加在后肩。

2. 变形纸样的放松量设计

变形是相对相似形而言的，由于宽松型主体结构的放松量设计使放松量后的结构与原型在结构上有明显的变形。这也是变形结构在放松量尺寸处理上与相似形不同的结果，但在放松量设计的原则上仍是一致的。如果说相似形放松量适用于传统外套类纸样设计的话，变形放松量则适合非外套类的宽松型休闲服装纸样设计。

根据合体形主体结构放松量设计的经验，不难理解和掌握宽松形主体结构放松量设计的规律和方法。不过，在实际应用中由于宽松形服装的穿着习惯和造型状态，使内层衣服和外层衣服之间空隙较大。例如，休闲衬衣再宽松也不能套在西服外面穿着，可是它的肥度可以达到外套的水平甚至大于它，这样大的放松量空间使结构趋于平面化、主观化。因此，可以从相似形几何级数的分配方法调整成变形结构整齐划一的分配方法，如胸围追加量为6cm，按几何级数分配为3:1.5:1:0.5，如果是变形纸样放松量就可以采用2:2:1:1的分配比例。另外，宽松形成衣以休闲服、运动服为代表，往往采用自然垂肩的造型，即衣服的肩线比人体肩点向外延伸并自然下垂。这并不是一种简单的造型形式，它完全是根据人体活动自如的结构原理

自然形成的版型格式。因此，在纸样处理上应本着适用的原则展开设计。其设计方法是，运用无省基本纸样，以肩点为基点水平向外延伸，延长量应与侧缝放松量成正比，也就是越宽松垂肩量越多，具体公式采用"后肩延长量＝后侧缝放松量+1cm（调节量）"。其设计步骤：以升高后的后肩宽为准，按公式水平延伸确定新的后肩宽，以此尺寸用同样办法截取前肩宽，这时前、后肩的省差可以去掉（变形结构为无省设计）。作为宽松型结构，省的功能和作用已经很小，因此采用不设省的办法。采用无省设计的腰线对位处理，在这种情况下，袖窿的开深设计与相似形有很大不同，宽松形袖窿开深量设计要配合该袖子结构的袖山大幅度降低进行，即在相似形袖窿开深量的基础上再增加后肩延长量。按照胸围追加量6cm的比例整齐划一的分配为2:2:1:1，后肩延伸量为3cm，袖窿开深量＝侧缝放松量－肩升高量/2+后肩延长量＝6cm。袖窿曲线的形状与相似形完全不同，这也是变形最明显的地方，其他部位的放松量比例参照相似形方法（图4-8）。

这种变形结构的个性特征，实际上确立了其与相似形纸样系统具有同样重要地位的休闲装纸样设计系统。由此可以理解为：相似形放松量结构是由原型派生的外套基本型，变形放松量结构则是由原型派生的休闲装基本型，他们之间的关系是基本纸样和相关的两个亚基本纸样的关系，两个亚基本纸样在采寸上相互借鉴又相互制约。因此，放松量设计虽然从"个别"入手，但要全方位综合思考，才能把握住它们各自的特点而不失原则。

4.1.5 女装整体规格设计

在服装结构设计中，合理的规格与参考尺寸对制板、推板、品质检验与管理起着至关重要的作用。

在生产中成衣规格设计按各细部尺寸与身高（H）、胸围（B）的相互关系，以效果图（款式图）的轮廓造型进行模糊判断，采用控制部位数值的比例数加放一定的放松量来确定。不同体形女人体主要部位的数值（系净体数值）见表4-1～4-4。

身高、颈椎点高、全臂长、腰围高，可以作为制定服装衣长、袖长、背长、裤长、裙长的参考依据。净胸围、净腰围、净颈围、净臀围、总肩宽可作为制定服装胸围、腰围、领围、臀围、肩宽进行加放松量的依据。这些成品规格还可以根据身高与胸围的尺寸而决定。计算公式如下：

衣长 =0.4 身高 ±a(短上衣)；

0.4 身高 ±a(中长上衣)；

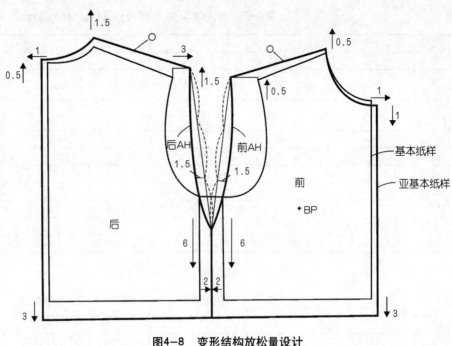

图4-8　变形结构放松量设计

表4-1　女人体 5·4、5·2Y 号型系列控制部位数值　　　　　　　　　　　　（ 单位 cm）

部　位	数　　值													
身高	145		150		155		160		165		170		175	
颈椎点高	124		128		132		136		140		144		148	
坐姿颈椎点高	56.5		58.5		60.5		62.5		64.5		66.5		68.5	
全臂长	46		47.5		49		50.5		52		53.5		55	
腰围高	89		92		95		98		101		104		107	
胸围	72		76		80		84		88		92		96	
颈围	31		31.8		32.6		33.4		34.2		35		35.8	
总肩宽	37		38		39		40		41		42		43	
腰围	50	52	54	56	58	60	62	64	66	68	70	72	74	76
臀围	77.4	79.2	81	82.8	84.6	86.4	88.2	90	91.8	93.6	95.4	97.2	99	100.8

表4-2　女人体 5·4、5·2A 号型系列控制部位数值　　　　　　　　　　　　（ 单位 cm）

部　位	数　　值																				
身高	145			150			155			160			165			170			175		
颈椎点高	124			128			132			136			140			144			148		
坐姿颈椎点高	56.5			58.5			60.5			62.5			64.5			66.5			68.5		
全臂长	46			47.5			49			50.5			52			53.5			55		
腰围高	89			92			95			98			101			104			107		
胸围	72			76			80			84			88			92			96		
颈围	31.2			32			32.8			33.6			34.4			35.2			36		
总肩宽	36.4			37.4			38.4			39.4			40.4			41.4			42.4		
腰围	54	56	58	58	60	62	62	64	66	66	68	70	70	72	74	74	76	78	78	80	84
臀围	77.4	79.2	81	81	82.8	84.6	84.6	86.4	88.2	88.2	90	91.8	91.8	93.6	95.4	95.4	97.2	99	99	100.8	102.6

表 4–3　女人体 5·4、5·2B 号型系列控制部位数值　　　　（单位 cm）

部位	数值																		
身高	145		150		155	160		165			170		175						
颈椎点高	124.5		128.5		132.5	136.5		140.5			144.5		148.5						
坐姿颈椎点高	57.0		59.0		61.0	63.0		65.0			67.0		69						
全臂长	46.0		47.5		49.0	50.5		52.0			53.0		55.0						
腰围高	89.0		92.0		95.0	98.0		101.0			104.0		107.0						
胸围	68		72		76	80		84		88		92		96		100		104	
颈围	30.6		31.4		32.2	33		33.8		34.6		35.4		36.2		37.0		37.8	
总肩宽	34.8		35.8		36.8	37.8		38.8		39.8		40.8		41.8		42.8		43.8	
腰围	56	58	60	62	64	66	68	70	72	74	76	78	80	82	84	86	88	90	92	94
臀围	78.4	80.0	81.6	83.2	84.8	86.4	88.0	89.6	91.2	92.8	94.4	96.0	97.6	99.2	100.8	102.4	104.0	105.6	107.2	108.8

表 4–4　女人体 5·4、5·2C 号型系列控制部位数值　　　　（单位 cm）

部位	数值																				
身高	145		150		155		160		165		170		175								
颈椎点高	124.5		128.5		132.5		136.5		140.5		144.5		148.5								
坐姿颈椎点高	56.5		58.5		60.5		62.5		64.5		66.5		68.5								
全臂长	46.0		47.5		49.0		50.5		52.0		53.0		55.0								
腰围高	89.0		92.0		95.0		98.0		101.0		104.0		107.0								
胸围	68		72		76		80		84		88		92		96		100		104		108
颈围	30.8		31.6		32.4		33.2		34		34.8		35.6		36.4		37.2		38		38.8
总肩宽	34.2		35.2		36.2		37.2		38.2		39.2		40.2		41.2		42.2		43.2		44.2
腰围	60	62	64	66	68	70	72	74	76	78	80	82	84	86	88	90	92	94	96	98	100	102
臀围	78.4	80.0	81.6	83.2	84.8	86.4	88.0	89.6	91.2	92.8	94.4	96.0	97.6	99.2	100.8	102.4	104.0	105.6	107.2	108.8	110.4	112.0

0.4 身高 ±a（长上衣）。

腰节长 =0.2 身高 +9cm ±b（b 为常数，视具体效果而增减）。

袖窿深 =0.2 胸围 +3cm+（2~5cm 以上，从贴体到宽松）。

袖长 =0.3 身高 +（7~8）cm+ 垫肩厚（夏装）；

　　0.3 身高 +（8~9）cm+ 垫肩厚（春秋装）；

　　0.3 身高 +10cm 以上 + 垫肩厚（冬装）。

胸围 = 净胸围 + 内衣厚度

　　+（0~4cm，贴体风格）；

　　（4~10cm，较贴体风格）；

　　（10~15cm，较宽松风格）；

　　（15~20cm，宽松风格）。

腰围 = 胸围 –0~6cm（宽腰）；

　　胸围 –6~12cm（稍收腰）；

胸围 –12~18cm（卡腰）；

胸围 –18cm 以上（极卡腰）。

臀围 = 胸围 –2cm 以上（T 形）；

　　胸围 +0~2cm（H 形）；

　　胸围 +3cm 以上（A 形）。

领围 =0.2（净胸围 + 内衣厚度）+19~25cm。

肩宽 =0.25 胸围 +14~15cm（宽松风格）；

　　0.25 胸围 +15~16cm（较宽松、较贴体风格）；

　　0.25 胸围 +16~17cm（贴体风格）。

袖口 =0.1 胸围 +0~2cm（紧袖口）；

　　3~5cm（较宽袖口）；

　　7cm 以上（宽袖口）。

4.1.6　女装整体结构分析

女装整体结构分析着重分析衣身的结构平衡、衣领及衣袖的结构制图方法的具体应用。

4.2 女装款式综合实例

这里讲解的女装款式综合实例包括女衬衣、女西服和女大衣的实例分析。每类中讲解两个服装款式。

4.2.1 女衬衣的结构设计

1.泡泡短袖后门襟衬衣

（1）款式特征：较合体服装，前面腋下省，后背腰省。泡泡短袖，袖口收紧，后中开门襟，装拉链，后V字领。

（2）规格设计：

衣长：0.4 身高 +1cm。

胸围：放松量 =12cm，同原型。

肩宽： 0.25胸围 +10 ~ 11cm 因是泡泡袖，需要减少肩宽。

背长：0.2 身高 +6。

袖长：20cm（具体见表 4–5）。

表 4–5　泡泡短袖后门襟衬衣规格表 （单位：cm）

部位	衣长	胸围	肩宽	背长	袖长
尺寸	65	96	34	38	20

（3）制图要点：

衣身平衡采用箱型平衡方式，前衣身浮余量采用开深袖窿1cm，另外 3cm 作为袖窿收省形式。后衣身浮余量直接放在袖窿内消除。

衣袖采用一片短袖原型，在袖山和袖口处均拉开放出所需的余量，进行袖山和袖口收褶处理。

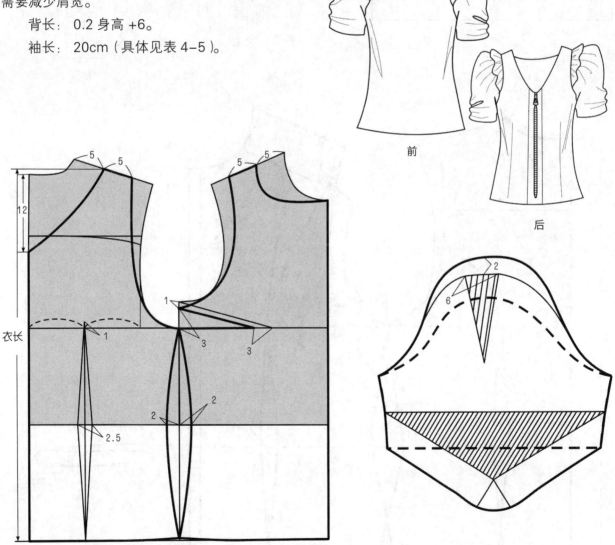

前

后

图4-9　泡泡短袖后门襟衬衣款式图与结构图

2. 前中开门无袖立领衬衣

（1）款式特征：较合体服装，前中外翻边门襟，衬衣领。前领下 V 字分割，前后肩装复司（过肩），公主线分割，内含腰省，后扎腰带。

（2）规格设计：

衣长：0.4 身高 +4cm。

胸围：放松量 =12cm，同原型。

肩宽： 0.25 胸围 +11~12cm，因是无袖，肩宽可略减。

背长：0.2 身高 +6cm。

领围：0.2（净胸围 + 内衣厚度）+19~25cm（具体见表 4-6）。

（3）制图要点：

衣身平衡采用箱型平衡方式，前衣身浮余量全部采用省道转移至公主线分割中，要求先将过肩分割出来。后衣身浮余量直接放在袖隆内消除。衣领采用普通衬衣领（见图 4-10）。

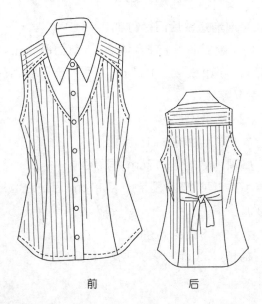

前　　　　　后

表 4-6　前中开门无袖立领衬衣规格表　（单位：cm）

部位	衣长	胸围	肩宽	背长	领围
尺寸	68	96	36	38	36

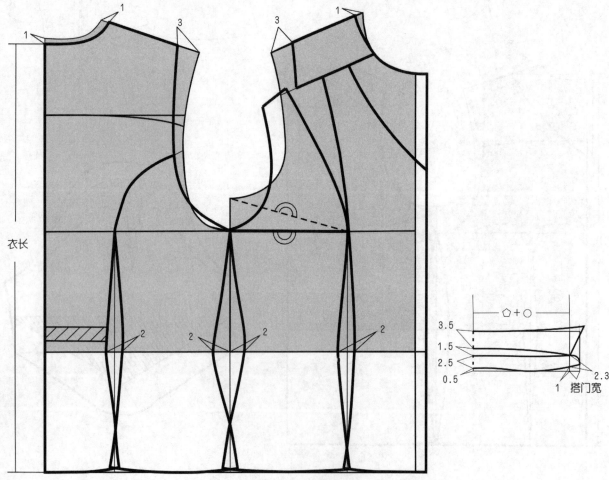

图4-10　前中开门无袖立领衬衣的款式与结构图

4.2.2 女西装的结构设计

1. 青果领刀背女西服

（1）款式特征：较合体服装，青果领。领中装拉链。一粒扣，衣片为弧形刀背分割，前片左右各一拉链贴袋。一片西装袖。（见图4-11）

（2）规格设计：

衣长：0.4 身高 –6cm。

胸围：放松量 =12cm，同原型。

肩宽　0.25 胸围 +14~15cm。

背长　0.2 身高 +6cm。

领围　0.2(净胸围 + 内衣厚度) +19~25cm。

袖长　0.3 身高 +8~9cm+ 垫肩厚。

袖口　0.1 胸围 +3~5cm（具体见表 4–7）。

表 4–7　青果领刀背女西服规格表　（单位：cm）

部位	衣长	胸围	肩宽	背长	领围	袖长	袖口
尺寸	58	96	39	38	41	56	14

（3）制图要点：

衣身平衡采用箱型平衡方式，前衣身浮余量采用开深袖窿1cm，另外的作为袖窿省道转移至弧形刀背分割线中。后衣身浮余量在刀背中消除。驳领直接在衣身上制作。

衣袖设计按照袖身为直身型一片袖结构采用原型制图法，袖山高根据原型采用 AH/3，达到较贴体类衣袖（见图4-11）。

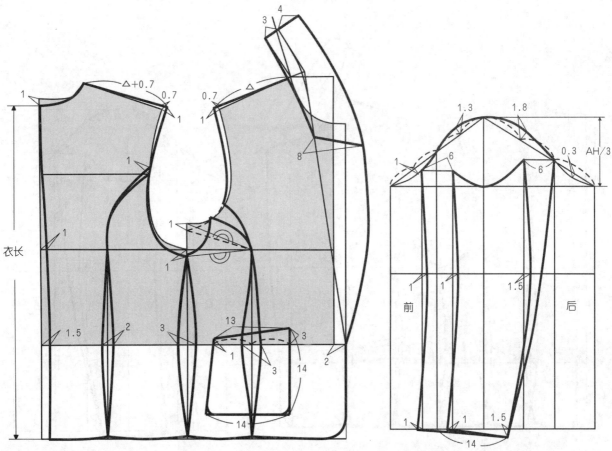

图4-11　青果领刀背女西服的款式与结构图

2.驳领双刀背女西服

（1）款式特征：较合体服装，平驳头西服领。前后片均为双弧形刀背分割。一粒扣，前片左右各一嵌线挖袋，左上为手巾袋。一片西装袖。

（2）规格设计：

衣长：0.4 身高 −6cm。

胸围：放松量 =12cm，同原型。

肩宽：0.25 胸围 +14~15cm。

背长：0.2 身高 +6cm。

领围：0.2（净胸围 + 内衣厚度）+19~25cm。

袖长：0.3 身高 +8~9cm+ 垫肩厚。

袖口：0.1 胸围 + 3~5cm（具体见表 4−8）。

表4−8　驳领双刀背女西服规格表　（单位：cm）

部位	衣长	胸围	肩宽	背长	领围	袖长	袖口
尺寸	58	96	39	38	41	56	14

（3）制图要点：

衣身平衡采用箱型平衡方式，前衣身浮余量采用开深袖窿1cm，另外的作为袖窿省道转移至大的弧形刀背分割线中。后衣身浮余量在公主线中消除。驳领直接在衣身上制作。

衣袖设计同青果领刀背女西服（见图 4−12）。

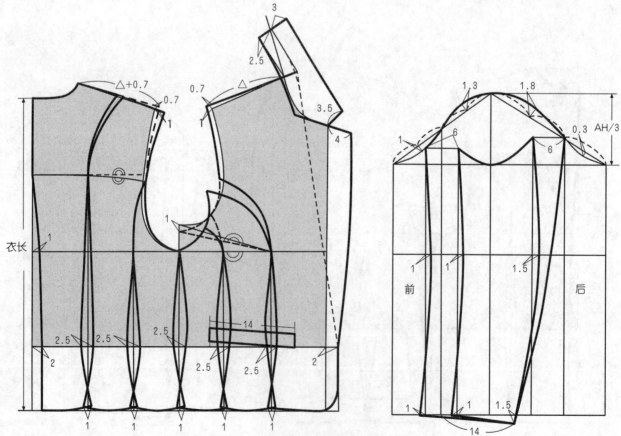

图4−12　驳领双刀背女西服的款式与结构图

4.2.3 女大衣的结构设计

1.低领座立领刀背女大衣

（1）款式特征：较宽松服装，六粒扣，低领座立领。前后弧形刀背分割，装腰带。一片宽松袖。

（2）规格设计：

衣长：0.6 身高。

胸围：放松量 =12cm，同原型。

肩宽：0.25 胸围 +14 ～ 15cm。

背长：0.2 身高 +6cm。

领围：0.2（净胸围 + 内衣厚度）+19~25cm。

袖长：0.3 身高 +8~9cm+ 垫肩厚。

袖口：0.1 胸围 + 3~5cm(具体见表 4-9)。

表 4-9　低领座立领刀背女大衣规格表　（单位：cm）

部位	衣长	胸围	肩宽	背长	领围	袖长	袖口
尺寸	96	96	39	38	41	56	14

（3）制图要点：

衣身平衡采用箱型平衡方式，前衣身浮余量采用开深袖窿 1.5cm，另外的作为袖窿省道转移至弧形刀背分割线中。后衣身浮余量在刀背线中消除。立领直接在衣身上制作。

衣袖设计同青果领刀背女西服。

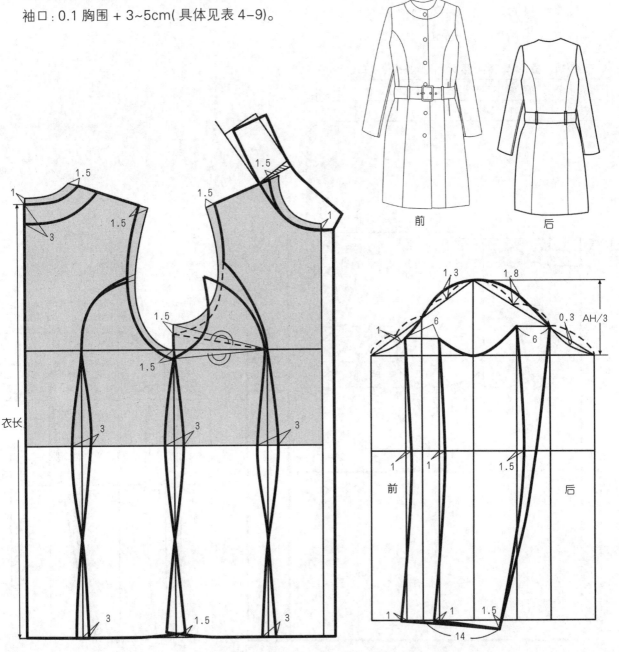

图4-12　低领座立领刀背女大衣的款式与结构图

2. 立体填充领断腰女大衣

（1）款式特征：较宽松服装，双排六粒扣，立体填充领。断腰，弧形刀背腰线下为活褶，后腰褶皱装带袢。一片宽松袖。

（2）规格设计：

衣长：0.6 身高 –6cm。

胸围：放松量 =20cm。

肩宽：0.25 胸围 +14 ～ 15cm。

背长：0.2 身高 +6cm。

领围：0.2（净胸围 + 内衣厚度）+19~25cm（取大值）。

袖长：0.3 身高 +8~9cm+ 垫肩厚。

袖口：0.1 胸围 +3~5cm(具体见表 4-10)。

表 4-10　立体填充领断腰女大衣规格表　（单位：cm）

部位	衣长	胸围	肩宽	背长	领围	袖长	袖口
尺寸	90	104	39	38	43	56	14

（3）制图要点：

由于胸围在原型基础上增加，故需要将前后身原型间隔一定距离（4cm）进行制图。衣身平衡采用箱型平衡方式，前衣身浮余量作为袖窿省道转移至弧形刀背分割线中。后衣身浮余量在刀背线中消除。腰围线以下为长方形进行收褶，褶量为与上半部分的差，每边为 11.5cm。衣领直接在衣身上制作。

衣袖设计同青果领刀背女西服。

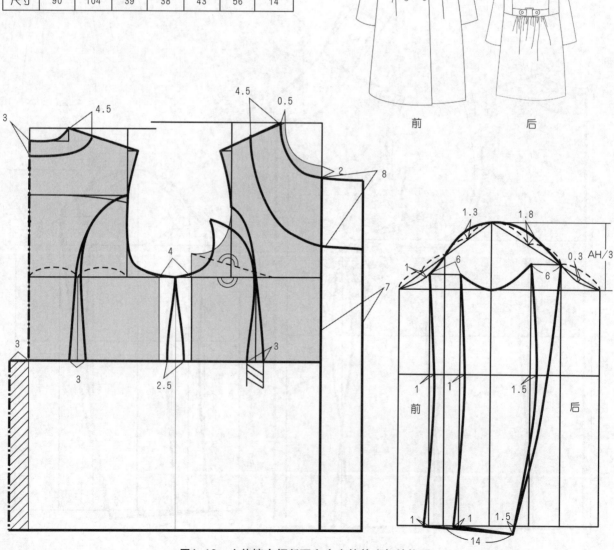

图4-13　立体填充领断腰女大衣的款式与结构图

110

4.3 女装缝制工艺

本节主要讲解女西服的缝制工艺。

4.3.1 款式概述与规格尺寸

西服款式特点：三开身，前身公主线分割；平驳头、西服领；单排三粒扣，两侧有双嵌线开袋；两片袖，袖口有开衩订装饰钮三颗；前身收腋下省，后背开中缝。款式如图 4 – 15，规格如表 4 – 11，选择 M 号进行制作。

表 4-11　女西服各号型规格表　　（单位：cm）

	衣长	胸围	腰围	臀围	肩宽	袖长	袖口
S(155/80A)	62	94	76	96	39	53.5	13
★ M(160/84A)	64	98	80	100	40	55	13.5
L(165/88A)	66	102	84	104	41	56.5	14

图4-15　女西服款式图

4.3.2 结构图与样板

该款西服的结构图 4-16，样板图见图 4-17。

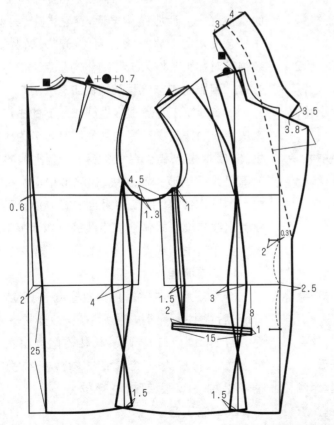
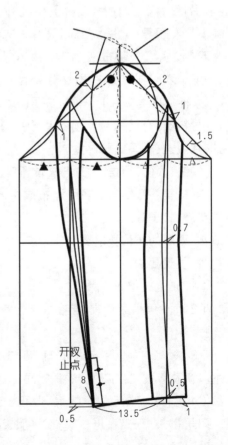

图4-16　女西服结构图

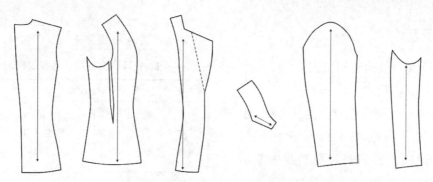

图4-17 西服衣片样板图

4.3.3 西服用料与裁片分类

1. 面料选择

本西服选用可缝性好的毛涤面料,其中毛和涤各占50%。在进行结构设计时,不考虑材料因素。

2. 用料计算

面料(幅宽为144cm):衣长 + 袖长 + 10cm = 64+55+10 ≈ 130cm。

里料(幅宽为150cm):面料长度 – 10cm = 120cm。

有纺软衬与无纺衬各需1m左右。

3. 裁片分类

面料类:前中衣片(2片)、前侧衣片(2片)、后衣片(2片)、大袖片(2片)、小袖片(2片)、领面(1片)、领里(1片)、挂面(2片)、衣袋嵌线条(上下各2片)、袋垫布(2片)等共20片。

里料类:前大身夹里(2片)、后衣片夹里(2片)、大袖片夹里2片、小袖片夹里(2片)共8片。

衬料类(有纺软衬):前衣片全身衬,侧衣片、后衣片底边、袖窿、领口衬。

嵌线、领面、领里、大身开袋位置等(无纺衬)。

辅料类:袋布一般采用漂布或棉涤布;缝纫线、垫肩、扣子等。

4.3.4 西服的质量要求及制作重点

1. 质量要求

(1)成品规格正确。

(2)面、里松紧适宜,穿在衣架上饱满、挺括、美观大方。

(3)领驳。领驳头造型正确、串口顺直、丝缕正直,领驳窝服,左右对称,缺嘴相同,高低一致。

(4)前身。胸部圆顺、饱满;收腰一致,丝缕顺直,门里襟长短一致,止口顺直、平服、不外吐;衣袋高低一致,左右对称,袋角方正、不毛出;下摆衣

角方正,底边顺直。

(5)后背。背缝顺直,条格顺直,吸腰自然,袖窿要有盈势。

(6)肩头。肩缝顺直,前后平挺,肩头略带翘势。

(7)袖子。袖山吃势均匀,两袖圆顺居中,弯势适宜,袖口平整,大小一致。

(8)里子。光洁、平整,坐势正确。

(9)整烫。要求平、薄、挺、圆、顺、窝、活。

2. 制作重点

该西服款式是女装中较为典型的合体类服装,制作工艺中要考虑裁剪中难以解决的问题,使之符合女子人体曲线的需要。故归拔为制作中的重点之一。西服结构严谨,穿着端庄、美观,制作工艺上对称要求严格。因此,开袋、做装领、做装袖等对称工艺均为工艺制作的重点之二。

4.3.5 西服的工艺流程及缝制工艺

成衣缝制工艺流程根据成衣缝制的生产类型来决定。如按成衣产品的数量和品种分为大批量生产、成批生产和少量生产等;按流水线的生产节奏分为强制节拍流水线、粗略节拍流水线和自由节拍流水线等;按工序组合方式分为分工序作业流水线和模块式作业流水线等。本西装工艺流程根据少量生产或单件缝制的生产类型来决定。

1. 工艺流程

检查裁片→ 打线钉→ 做省缝→ 合前片刀背缝、后背中缝→归拔前、后衣片→ 开袋→ 复挂面、做门里襟止口→ 修、缲、翻烫门里襟止口→缝合摆缝、做底边→ 合肩缝→ 做领→ 绱领→ 做袖→ 装袖→ 锁眼、钉扣→ 整烫。

2. 缝制工艺

见表4-12。

表 4-12　女西服缝制工艺流程

工艺内容	工　艺　图　示	工艺方法及要求、使用工具
1.烫衬与打线钉	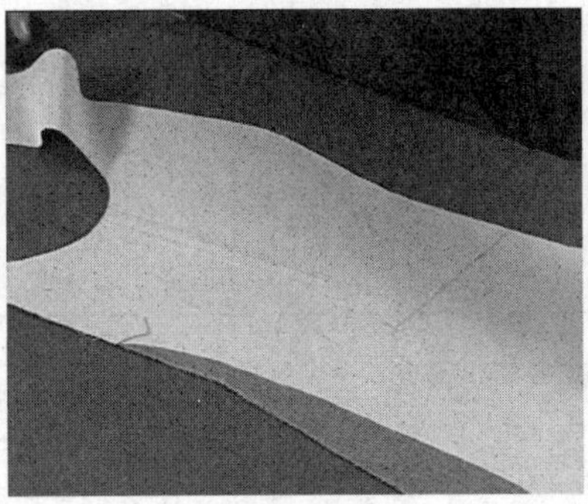 　图1　烫大身衬 　　　图2　烫袖口衬	首先检查所有面料、里料、衬料及辅料是否都齐全，然后进行烫衬和打线钉。 烫衬部位有：前大片全部，前小片上部、挂面全部、袖窿、领口、前后片及袖片的底边等。 打线钉部位有：前衣片（叠门线、眼位、驳口线、缺嘴、袋位、省位、腰节对位点、臀围对位点、贴边等）、后衣片（背中线、腰节对位点、臀围对位点、贴边等）、袖片（袖中线、袖肘线、袖贴边）等。 使用工具：黏合机、熨斗、白棉线。
2.做省缝	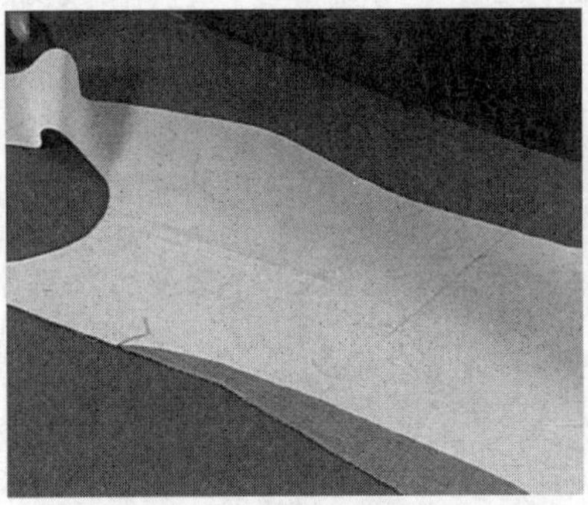 　图1　画省位（面） 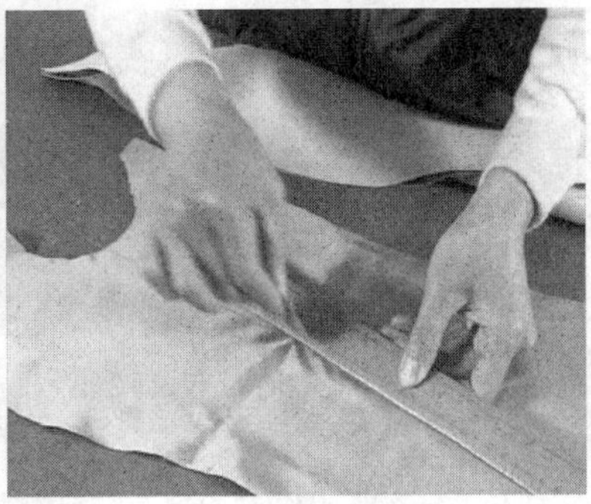　　　图2　画省位（里） 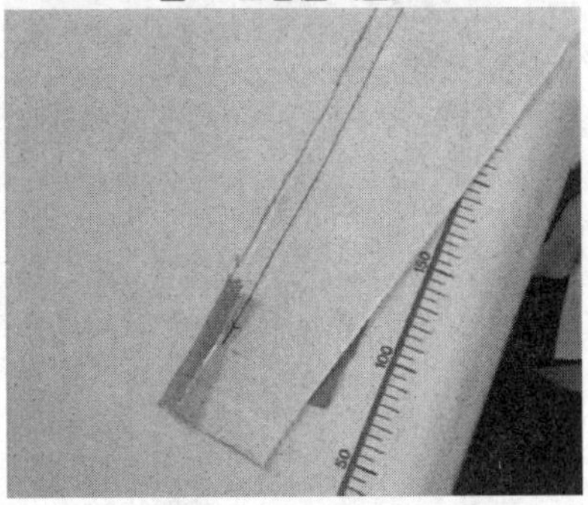 　图3　做挂面下口	先根据面料的线钉印记把省道缝合好，沿着省道的中心线，把省道剪开，剪到距离省尖4cm的位置即可。 挂面下脚处把挂面里口多出来的部分扣进去，然后里子衔接的时候比净缝上来2cm。 使用工具：单针平缝机、剪刀。
3.合前片刀背缝、后背中缝	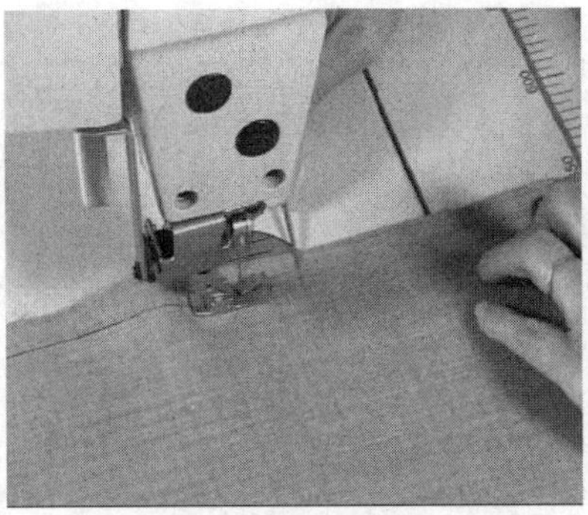 　图1　合前片刀背缝 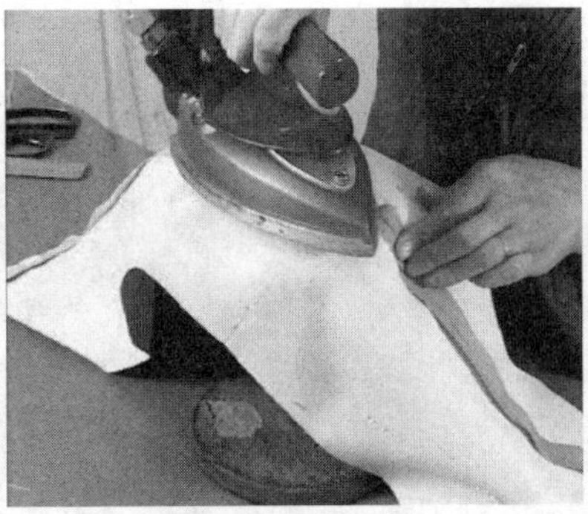　　　图2　烫前片刀背缝	将前衣片与前侧片正面相合，侧片在下，边沿对齐，摆正，臀围、腰节等线钉对准，自底边往上以1cm缝份合缉。注意上下层松紧一致，弧线缝缉圆顺，并同时收好省道。

工艺内容	工 艺 图 示	工艺方法及要求、使用工具
	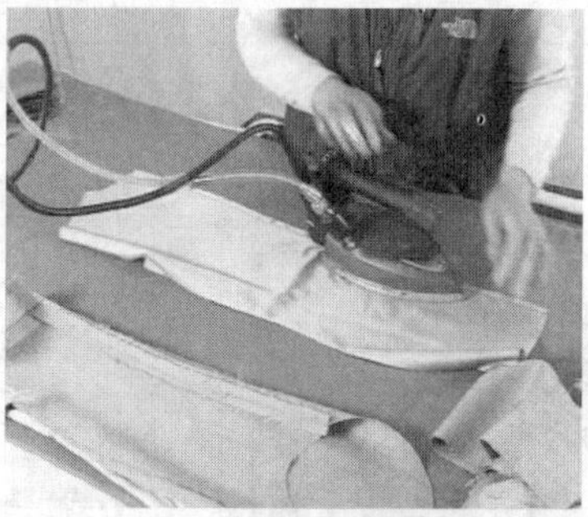 图3 烫后背中缝	后片中缝面料缝份 1.5cm，里子1cm。首先需要沿着缝份把后背中线画圆顺，沿划粉线把后中心线缉上。 使用工具：单针平缝机、熨斗、烫台、铁凳。
4. 归拔前、后衣片	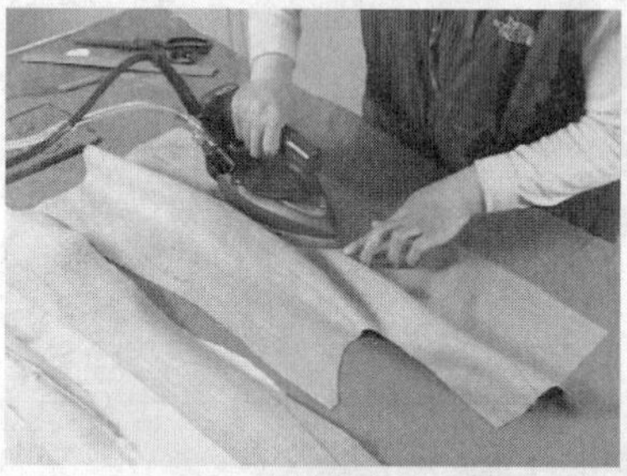 图1 归拔前衣片（1） 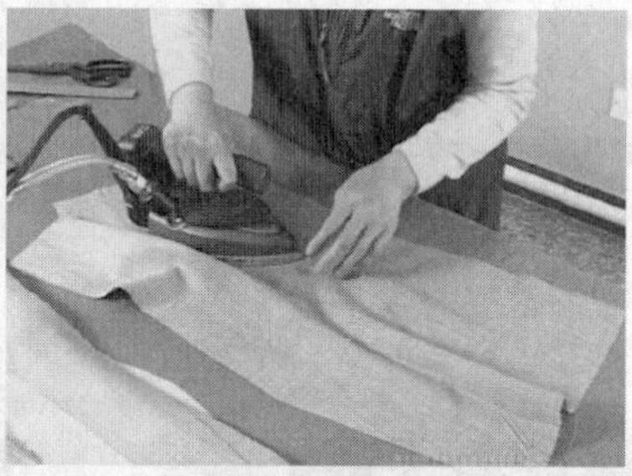　　 图2 归拔前衣片（2） 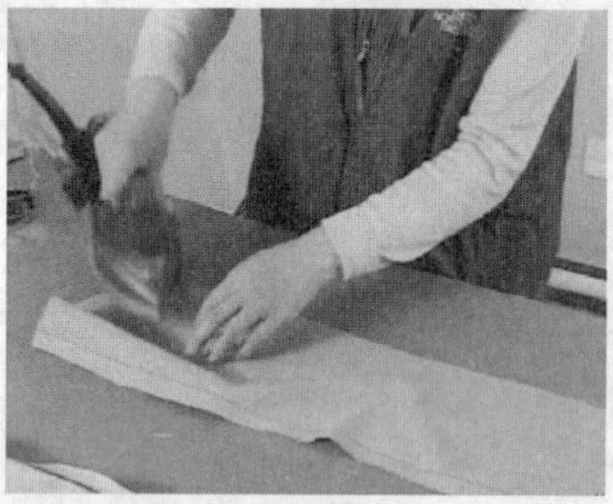 图3 归拔后衣片（1） 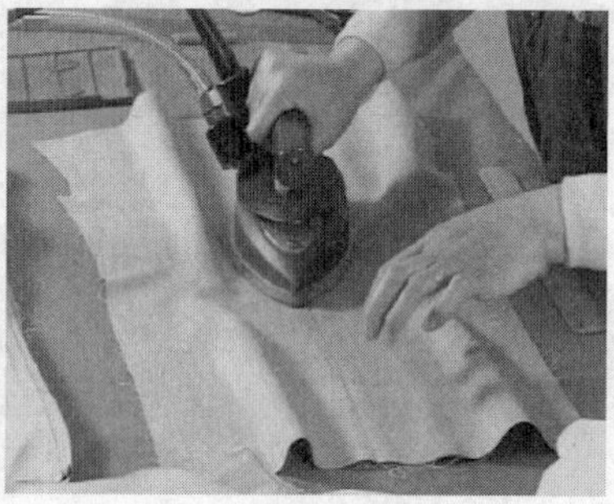　　 图4 归拔后衣片（2）  图5 归拔后衣片（3）	平面造型的衣片，虽然采用了省、分割、凹凸、倾斜度等处理方法，但是还不能符合人体曲线形状。必须采用熨烫中的归拔，使线的造型变为面的造型，才能使平面的衣片更加有立体效果。归拔前、后衣片之前需要把分割缝圆弧处缝份打剪口后烫分分割缝。 前衣片归拔：横开领向外肩推出，大约0.6cm，袖窿边向胸部推弹；驳口线中段归拔；胸部刀背处斜丝归拔，侧缝腰节拔开，臀部胖势归拔，使烫好的侧缝成直线状，胸部突出。左右两片归拔工艺相同。 后衣片归拔：背中缝后领至腰节归拔，腰节拔开，腰节以下略归，熨烫成直线状，肩缝中段归拔，将胖势推向肩胛骨，侧缝腰节拔开，臀部归拔，使侧缝成直线状。将归拔好的后片侧缝与后中缝对齐后，两边出现了一条符合人体的曲线。 完成归拔工艺后，要经过一段时间冷却定型才能继续后续工艺操作。 使用工具：熨斗、铁凳、烫台。
5. 开袋	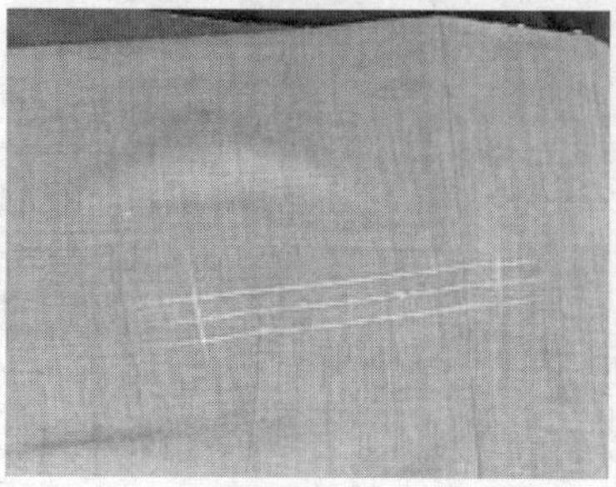 图1 画袋位 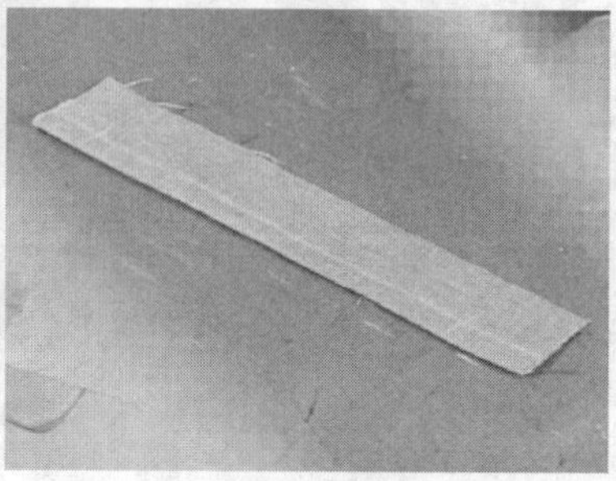　　　　 图2 烫嵌条	（1）准备裁片 大片袋布和袋垫：拿出袋布的大片，垫布与袋布的翘度保持一致，上口与袋布对齐，沿着包缝线把垫布与袋布缉在一起。

114

（续表）

工艺内容	工艺图示	工艺方法及要求、使用工具

图3 缉嵌条

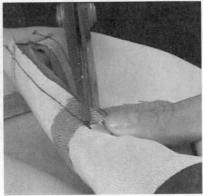

图4 开袋口

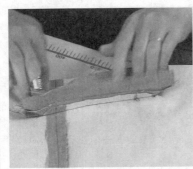

图5 翻嵌条

图6 封三角

图7 缉袋垫

图8 烫袋口

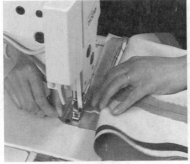

图9 拼袋布

图10 兜缉袋布

嵌条布：四片嵌条需要烫无纺衬，然后把烫衬的一面对折1.5cm烫死，然后在宽的一面嵌线画一条0.5cm的线。

大身标记：衣身上将袋口大15cm标出来，画出双嵌线形状。

（2）挖袋

首先把嵌线缉在袋口上，注意嵌条折线与袋口画好的上线对齐，然后沿着嵌条宽度缉上去即可，把嵌带撩起来再缉另一片。反面观察，两条线要缉得平行，两条线的距离不要超过袋口宽度，袋口两端一定要对齐。

从正面把两个嵌条掰开，沿着平行线中心把袋口剪开，剪到距离袋口边0.8cm的地方止，然后斜着剪三角，一直剪到袋口，即剪成"Y"形。

剪开以后把嵌条翻到反面，正面嵌线对齐后，反面把三角与嵌条缉到一起，缉三道来回针，同样的方法完成另一侧袋的制作。

（3）拼接袋布

把袋口放到铁凳上烫平，下面接袋布，拿出小片袋布1cm缝份与下口嵌条缉在一起。把袋布倒下来铺平，拿出有垫布的这块袋布，由袋口上来2cm，袋布2层对齐，沿线迹缉一道，放平钩袋布，钩前再重新封一下三角，把垫布与三角缉起来，然后离开袋口2cm开始兜缉袋布。底边缉成圆形。袋布长度不要超过衣身底边。

袋布留1cm的缝份，把多余的剪掉，把袋布的前端用有纺衬与大身黏在一起，再把袋口烫一下。

使用工具：单针平缝机、剪刀、熨斗。

工艺内容	工艺图示	工艺方法及要求、使用工具
6.覆挂面、做门里襟止口	 图1 敷止口牵带 　　　图2 修挂面底边 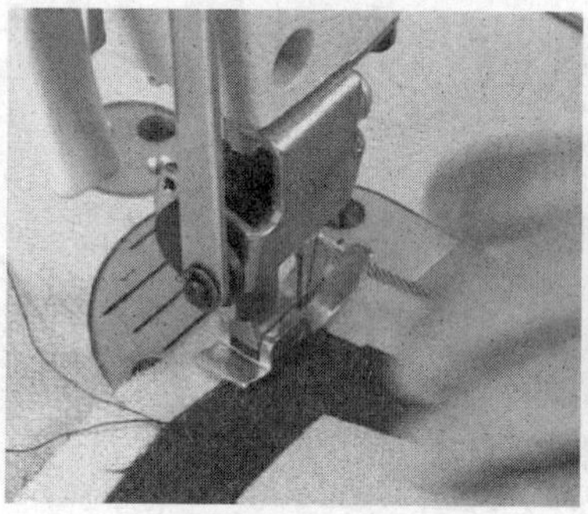 图3 缉止口 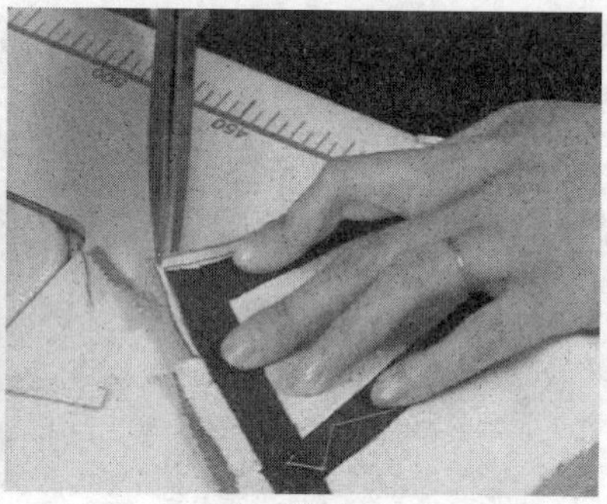　　　图4 修止口 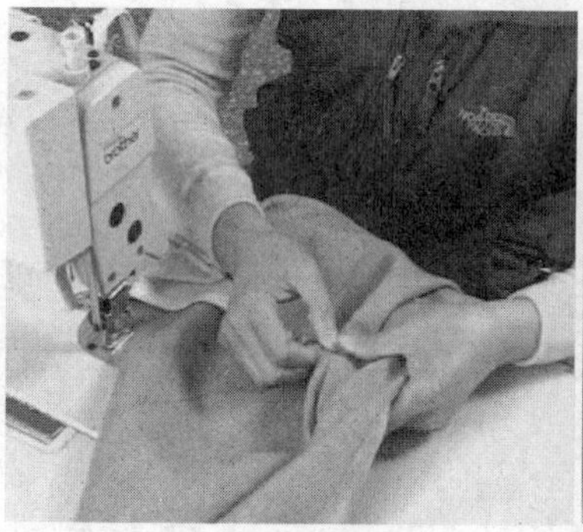 图5 翻止口 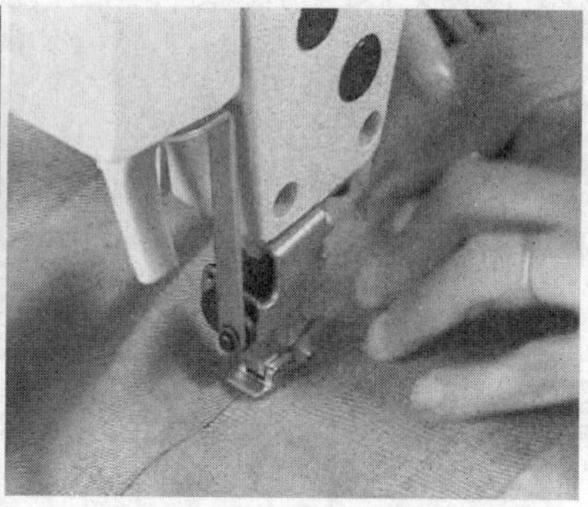　　　图6 缉止口明线（1） 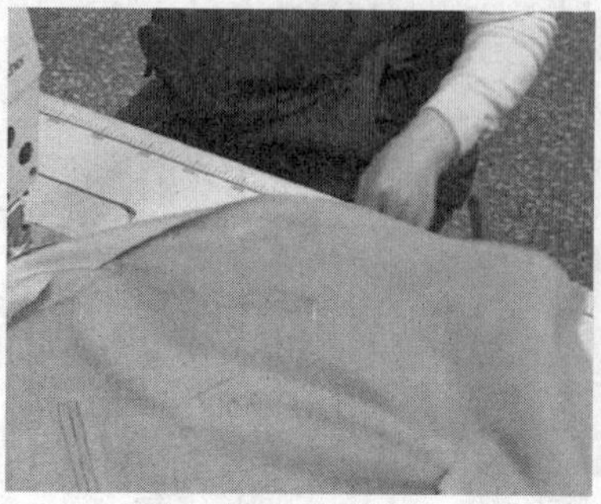 图7 缉止口明线（2）	（1）覆挂面 　　将驳头外口摆弯，里口归拢，修顺。将挂面与衣片正面相合，挂面驳头较大身出0.3cm，止口对齐，沿驳口线先扎一道，将挂面与大身固定。然后沿驳头与止口外沿用定针将挂面与大身扎定。扎时注意在挂面驳角两侧层进0.3cm，即把挂面刚才覆出的量推进去扎进，以使驳头翻折后驳角自然窝服，挂面与大身驳头以下止口对齐扎定。挂面底边圆角或方角较大身拖出0.3cm扎定，以使止口翻出后下摆角向里窝服。 　　（2）缉止口 　　在大身一侧沿所画净缝线出0.1cm缉止口，缉的时候，从驳嘴处开始，紧贴牵条缉，挂面横向和纵向略微吃进一点，缉到第一扣位处，注意止口边要与挂面对齐，缉线离开牵条0.1cm，钩下摆的时候，把里子撩起来，缉住挂面即可。注意大身横向和纵向略微吃进一点。缉完后，底边挂面留出1cm缝份，多余的剪掉，大身的缝份剩0.3cm，挂面0.5cm，剪成梯形，在驳嘴处垂直打剪口，然后翻过来缉明线，由第一扣开始缉，宽度0.1cm，止口处明线缉在挂面上，驳头处明线缉在大身上。 　　缉好后把驳嘴烫一下，然后把下摆尖的部分烫平，烫好后翻过来把角挑方。

（续表）

116

工艺内容	工 艺 图 示	工艺方法及要求、使用工具
	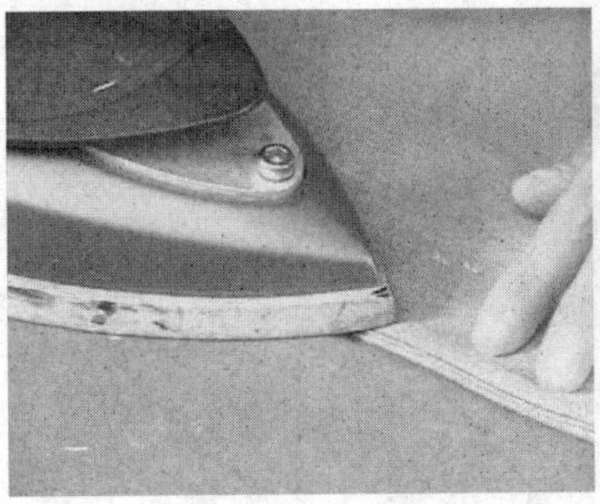 图8 烫止口（1） 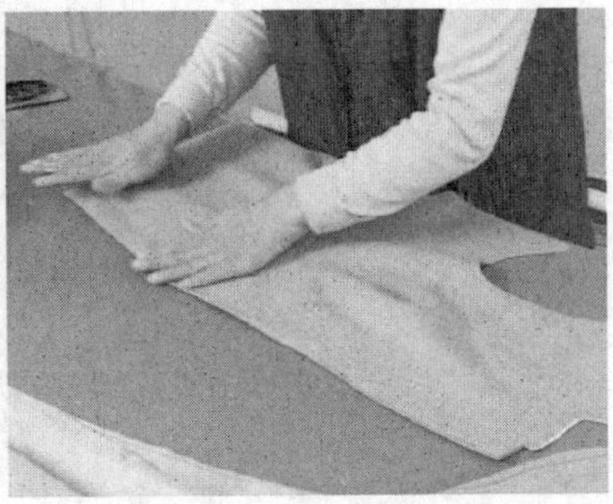 图9 烫止口（2） 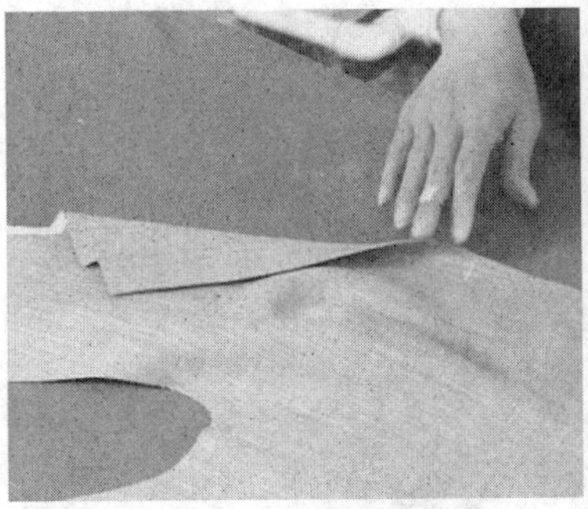 图10 烫止口（3）  图11 拼接前片里子	（3）烫止口 烫止口时，驳头处挂面多出0.1cm，止口处大身多出0.1cm，翻到正面把止口烫平，沿着驳口线，看着挂面这面把驳口线压下，不要压死。两片做好后把止口对齐，比较一下驳嘴大小、驳头的长短和止口的长短。两片保持一致即可。检查无误后接小片里子，注意接之前把里子与挂面衔接的地方肥瘦一定要定好。在拼接缝的位置做一个记号。然后剩1cm的缝份，把多余的量修掉。然后拿出另一片里子，面与面相对，1cm缝份把两片里子绱在一起。 使用工具：单针平缝机、剪刀、熨斗、画粉、手针。
7.合摆缝、做底边	 图1 修前片侧缝 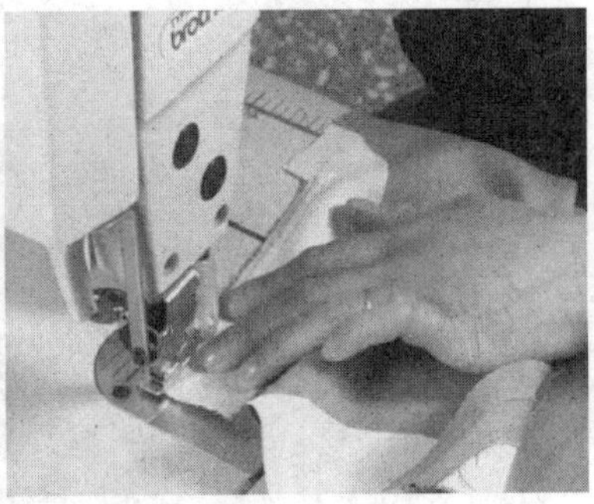 图2 合摆缝  图3 烫面料底边 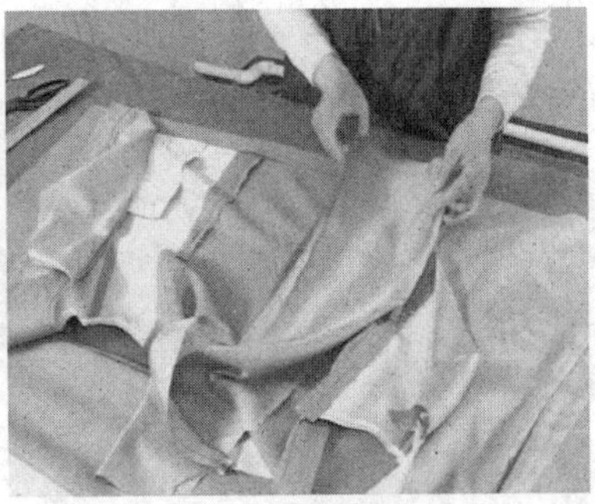 图4 合面、里底边	（1）合面料摆缝 将面料前后衣片正面相合，前片在上，摆缝对齐，腰节线钉对准，留1cm缝份合绱，然后将缝份分开烫平，为防止袖窿下部斜丝拉还，熨斗应从底边开始沿摆缝向袖窿方向烫。 （2）合里子摆缝 首先将后片里子和面子的肥瘦比好，然后与前身的里子绱在一起，面与面对齐，缝份1cm，合好后先把缝子烫平，然后向后身倒0.3cm的眼皮，缝子倒好以后翻到正面，里子和面子铺平，用大头针把里子和面固定在一起。

工艺内容	工 艺 图 示	工艺方法及要求、使用工具
	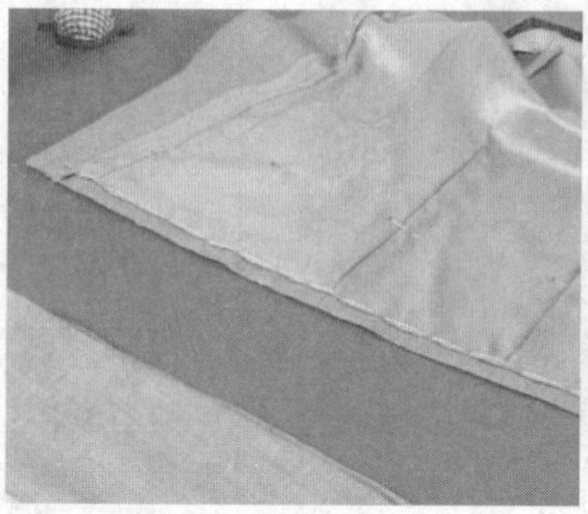 图5　固定面、里底边 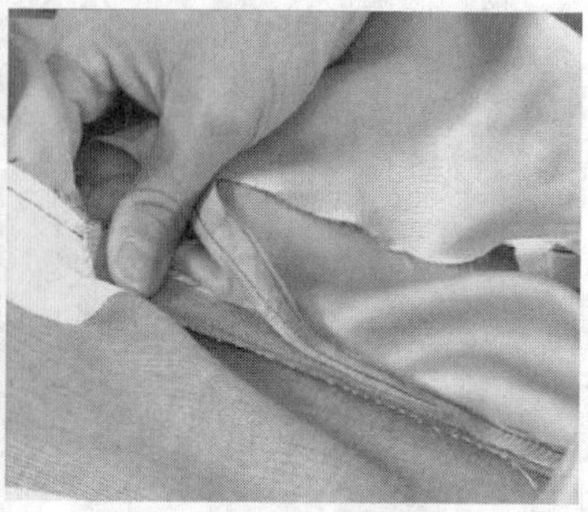　　图6　固定面、里侧缝	（3）做底边 　　将下摆里子向里折好，折边与面子净缝距离为2cm，然后把里子和面扎在一起。然后翻到反面把下摆里子和面绲在一起，缝份1cm，再把下摆缝份与大身拉拉三角，固定在一起，有袋布的位置扎透一层袋布，针距2cm，线迹要松。 　　（4）固定面里 　　翻到正面，把面和里铺平，固定侧缝，把里子撩起来，把侧缝处的里子和面子缝份固定在一起，里子不要拉的太紧，从侧缝最上面位置向下10cm开始，针距3cm，线要放松，固定到距下摆10cm处。 　　使用工具：单针平缝机、熨斗。
8. 合肩缝	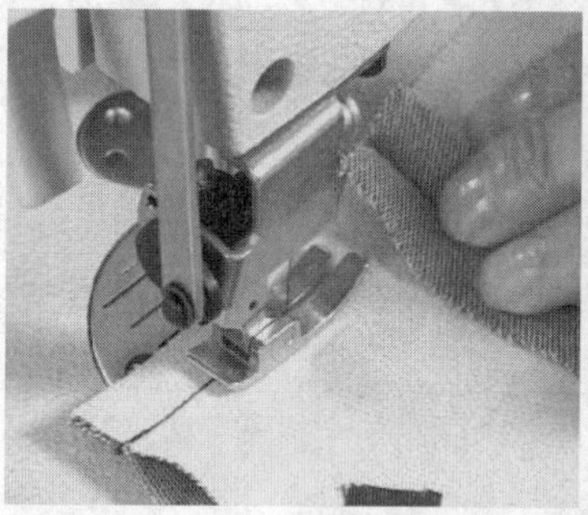 图1　合肩缝 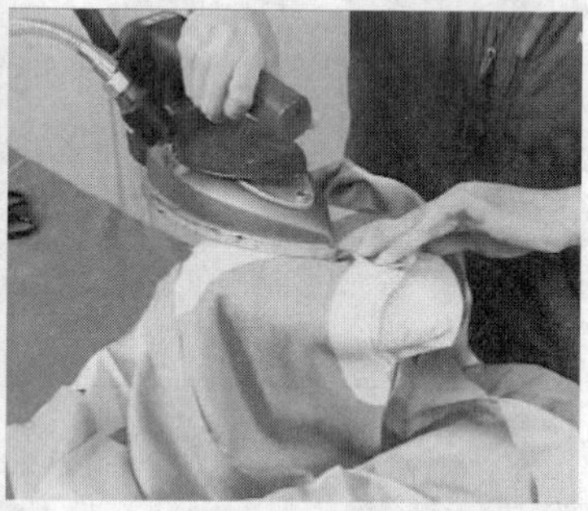　　　　图2　烫肩缝	合肩缝之前，把里子和面子的缝份修齐，注意后片里子眼皮不能拉开。 　　将前后衣片正面相合，后片在上，肩缝对齐，绲线1cm。注意后肩缝中点距领口2cm这段应放0.7cm层势，绲时要将层势放均匀，然后在铁凳上将肩缝份烫开，烫时要将层势归拢烫匀，不能将肩缝烫还。 　　使用工具：单针平缝机、熨斗、铁凳。
9. 做领子	 图1　修正领圈 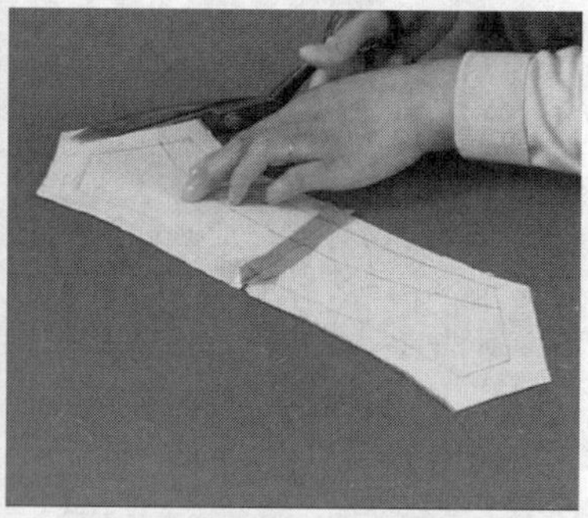　　　图2　裁配领面、领里 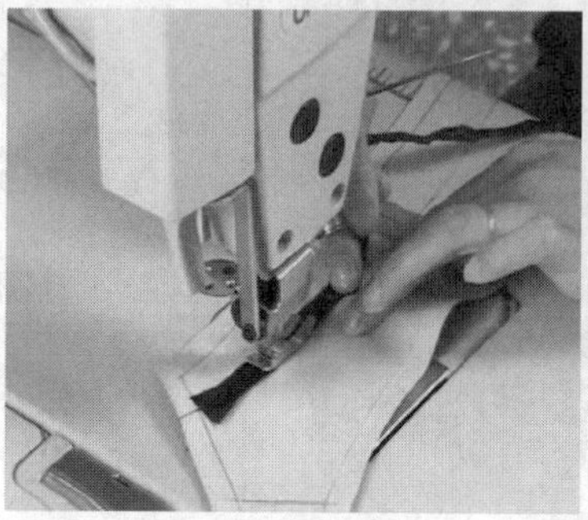 图3　拉领里牵带 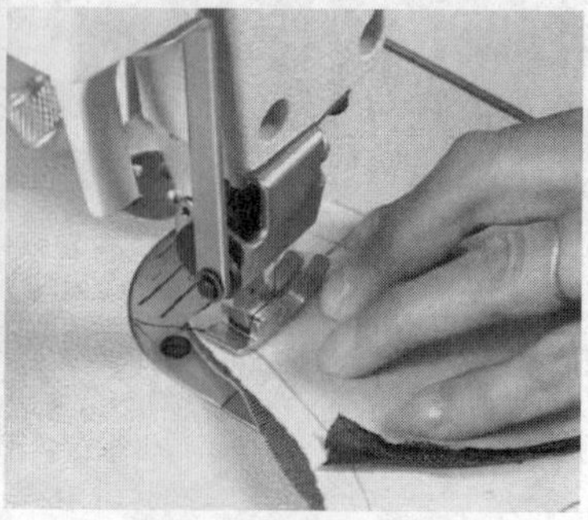　　图4　缝合领面、领里	（1）修正领圈 　　先把两个领窝对着比一下，前后领口要对称，然后拿着领子样板，核对一下领口大小，根据核对好的领口来做领子。 　　（2）准备领面、领里 　　首先拼接领里，拼合后将领子样板画在领里上，并画出翻折线，四周留出1cm缝份，在领里翻折线处拉一根牵条。然后拿出领面（纬纱），找准丝道，领尖和领外口比领里多出0.2cm，多余剪掉，串口处剪平即可。 　　（3）合领子 　　缝合领面和领里时，在领窝的位置，把领底略微吃进去一点，从领尖处开始，把领面和领底对齐，到转折的位置，把领面比领底多出的部分吃进去，钩好以后，把领底多余的缝份修掉，留0.3cm，领面留0.6cm。然后向领底方向倒缝，在领底上压0.1cm的明线。

工艺内容	工 艺 图 示	工艺方法及要求、使用工具
	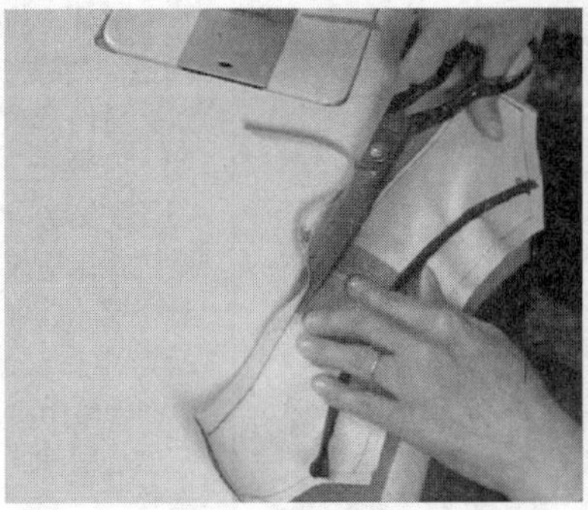 图5 修剪缝份 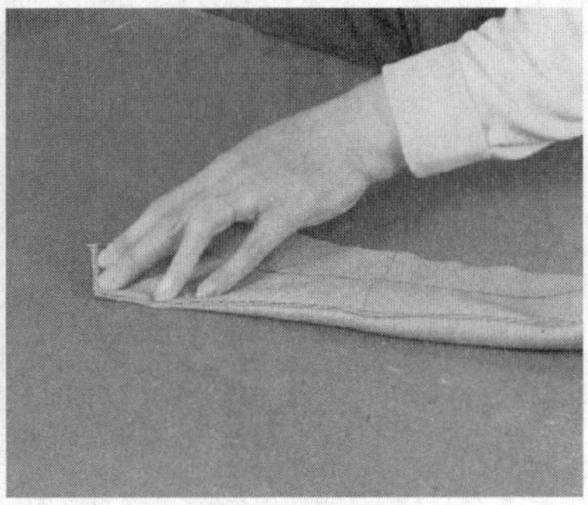　　图6 修剪缝份	（4）熨烫领子 　熨烫时，把斜丝牵条与领底黏住，领子烫好领面应吐出0.1cm，领尖和外口两边要对称。然后在领面中心打好剪口。 　使用工具：单针平缝机、剪刀、熨斗、直丝牵带。
10.绱领子	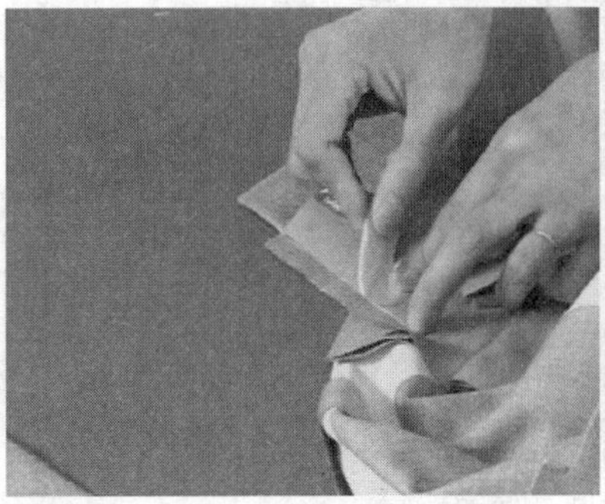 图1 作领圈标记 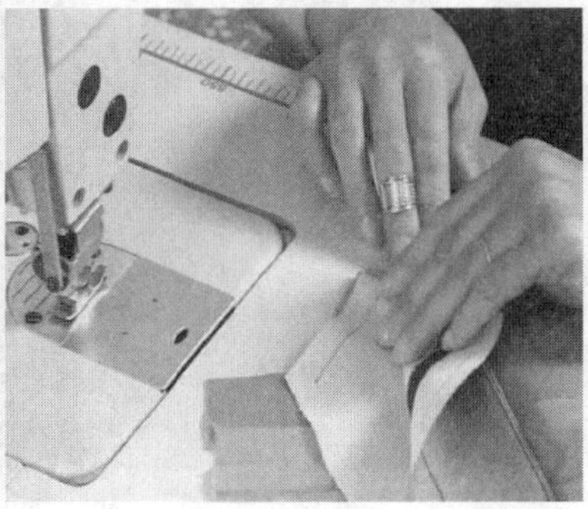　　图2 绱领 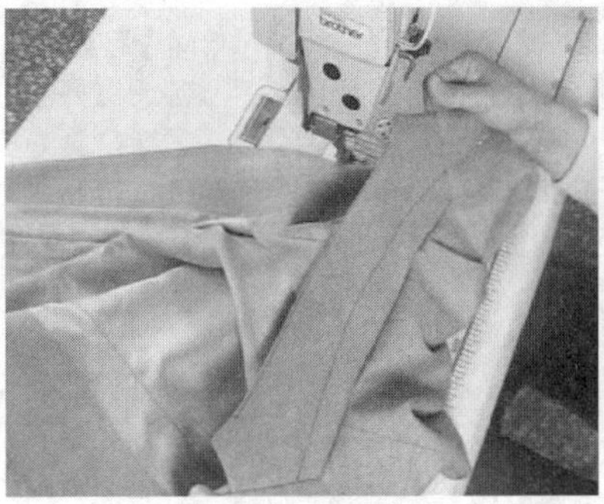 图3 固定领面和领里 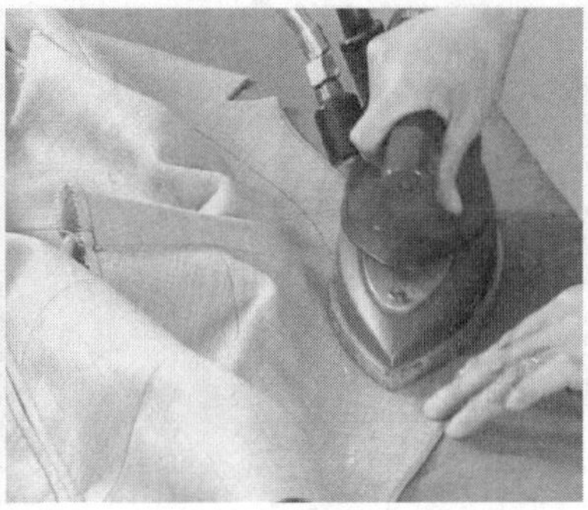　　图4 熨烫衣领	（1）绱领面 　首先将样板在领圈上比好位置，做好标记。 　挂面在下与领面正面相对，从右边绱领点缝至左边。起止针回车，方形领口的领圈转角处要剪口。先将串口缝份分烫，领面与挂面串口缝份倒向领子。 （2）绱领里 　领里与衣片相缝，其合缝方法与领面和挂面是相同的。并分烫缝份。 （3）固定面里 　把领底和领面的缝份固定在一起，由串口处开始，同样方法固定另一侧。扎领口，领口扎好以后，翻到反面把驳头部位烫平。 　使用工具：单针平缝机、剪刀、熨斗。
11.做袖子	 图1 烫袖口衬 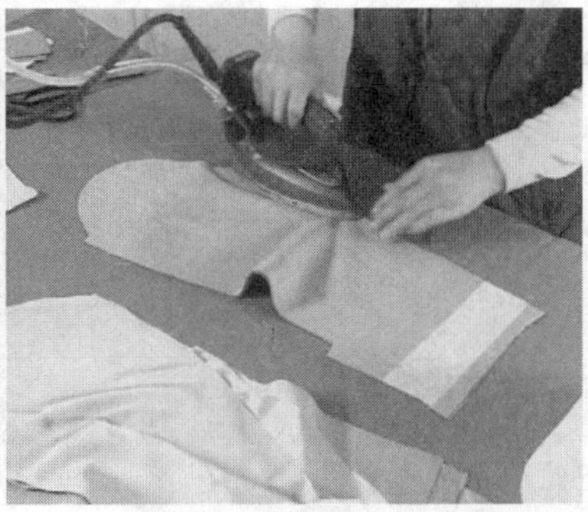　　图2 归拔袖片（1）	（1）归拔袖片 　先将大、小袖片的袖口黏上无纺衬。大袖前袖缝需要将袖肘处拔开，熨斗从袖山的位置开始往下，到袖肘处拉开，把多余的部分归到偏袖线位置处，烫袖片里面的时候，把余量归到偏袖的位置，然后沿偏袖线把偏袖部分折过来，使袖片服贴即可。

工艺内容	工 艺 图 示	工艺方法及要求、使用工具

图3　归拔袖片（2）　　　　　图4　合袖缝

图5　烫袖缝　　　　　图6　缲缝面料袖口底边

图7　袖口面、里缝合（1）　　　　　图8　袖口面、里缝合（2）

 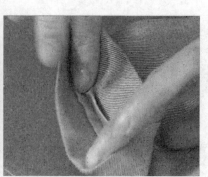

图9　烫袖口里坐势　　　　　图10　整理袖口里坐势

（2）合袖缝

先缲前袖缝，看着大袖缉，袖肘的剪口要对齐，缝份1cm。再缲后袖缝，沿着袖口大小的划粉印缉到贴边处，然后沿着贴边折线横过来，再沿着开衩宽一直缉到开衩上平线，再拐过来往上沿着1cm的缝份缉上去即可。袖里子与袖面同样的方法缲好。

（3）烫袖缝

把后袖缝份开，烫到袖开衩处，打剪口，剪小袖，袖开衩向大袖方向倒，袖子烫平以后翻到正面，把袖口贴边烫死，袖口烫好后再重新翻到反面，拿出袖里子，找出跟面料袖山弧线相吻合的一边里子，然后窝倒袖子里面去，把袖口处里子和面子的缝份缲在一起。

（4）缲袖口

缲袖口里子，缝份为1cm，注意里子上面的眼皮不要打开，里子袖缝与面子尽量对齐，看着里子缲。缲好后，沿着贴边把袖口折好，然后把袖口缝份和面用三角针拉在一起，线要松点，2cm针距即可。然后把袖里子掏出来，然后由缲线向里子的方向过来一点点，向上折好，然后把里子袖缝的缝份和面子的固定在一起，注意线要松，针距3cm，开衩处一定要把里子捋平，一直固定到由袖山下来10cm的位置。

使用工具：单针平缝机、剪刀、熨斗。

工艺内容	工 艺 图 示	工艺方法及要求、使用工具
12.装袖子	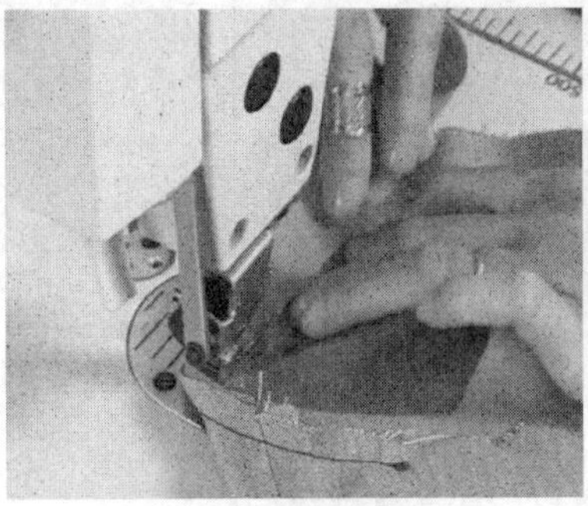 图1　缝带袖条 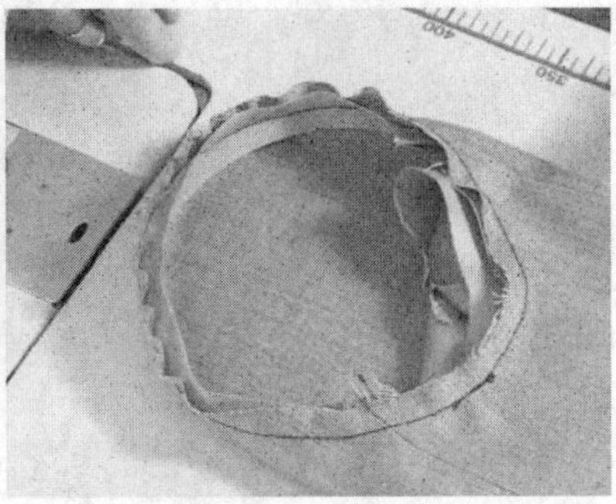　　　图2　确定袖山吃势 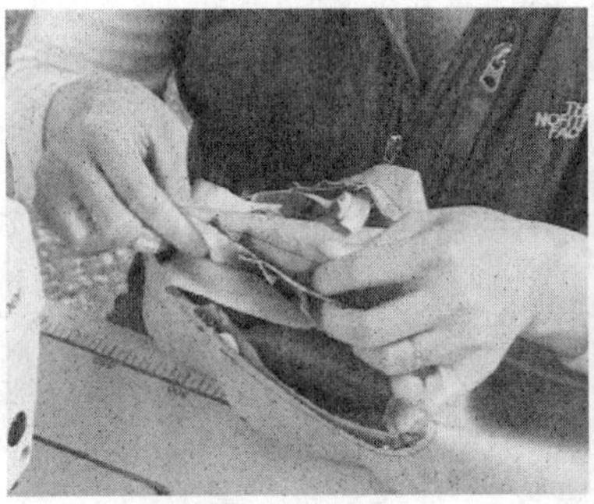 图3　假缝袖子(1) 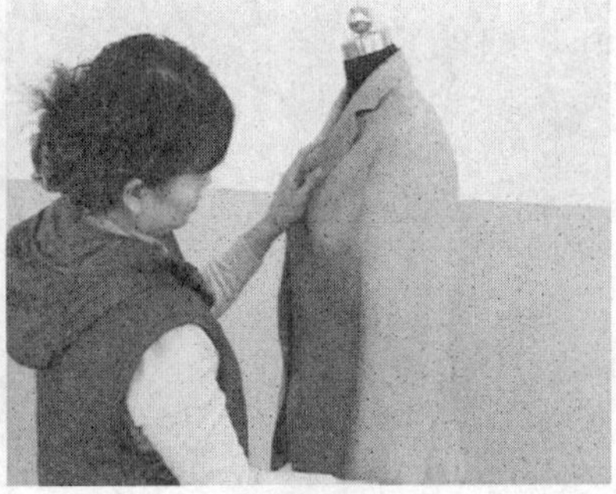　　图4　假缝袖子(2) 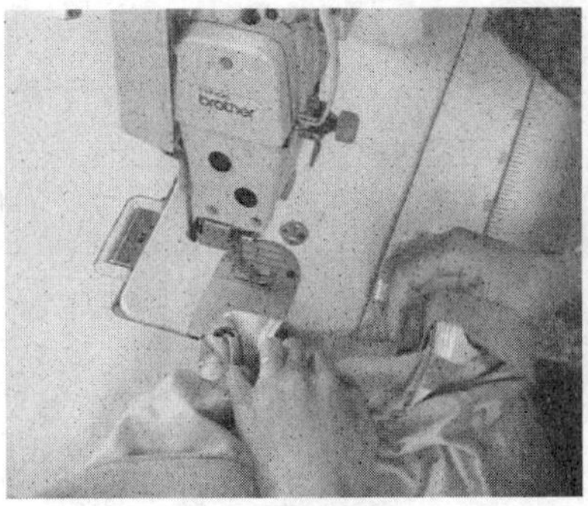 图5　缉袖窿 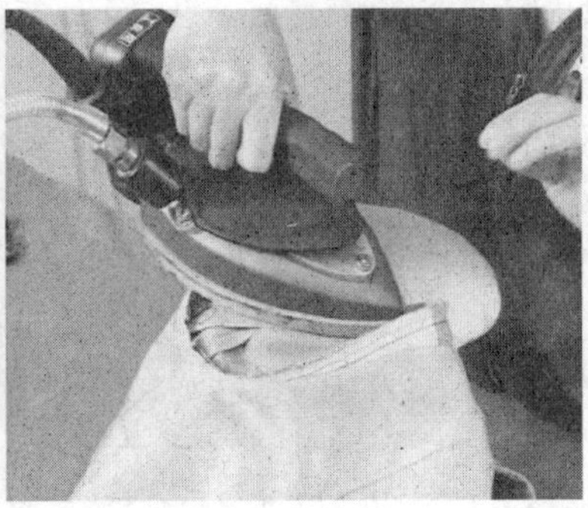　　　　图6　烫袖窿  图7　绱垫肩(1) 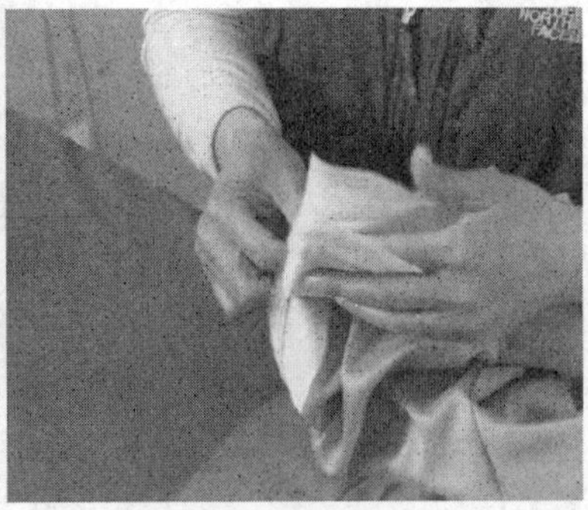　　　图8　绱垫肩(2)	(1) 带袖条 　　带袖条,用里子裁成正斜丝,宽度是1.5cm,用来收袖山吃势。从小袖下部开始缉,缉线不要超过1cm,多余的量主要吃在袖山两侧斜丝部位,前袖弯偏直丝位置尽量不吃,注意不要缉出死褶,袖条带好以后,保证袖山圆顺,吃势要均匀。 (2) 假缝袖子 　　用手针上袖子,先上在袖,剪口对齐,把里子撩开,缝份1cm,袖子在上面。假缝后需要检查:袖山是否圆顺,袖子是否遮住袋口一半。 (3) 缉袖子 　　沿着假缝线把袖子缉上,缉好后拆掉假缝线,并在缉线上加一个面料斜条（大袖袖山处3cm长）,缉好后,放到铁凳上,沿着袖条线把缝份熨烫一下,烫平即可。 (4) 绱垫肩 　　将垫肩从最宽处对折,大出来的部分放到后片绱垫肩,把里子撩起来,对折处对准肩缝。垫肩可以跟缝份对齐,也可以比缝份多留出一点,约0.3~0.5cm,然后先跟肩缝的缝份固定到一起。顺着垫肩的弯度把袖子的缝份与垫肩对齐,用双线钩倒针,紧贴住绱袖子的缝份,线不要拉的太紧,垫肩绱好以后,固定里子的肩缝,和面的肩缝要对齐,然后把里子的缝份和垫肩固定在一起。 　　使用工具:单针平缝机、剪刀、熨斗。

工艺内容	工 艺 图 示	工艺方法及要求、使用工具
13. 锁眼、钉扣	 图1 画扣眼位置（1） 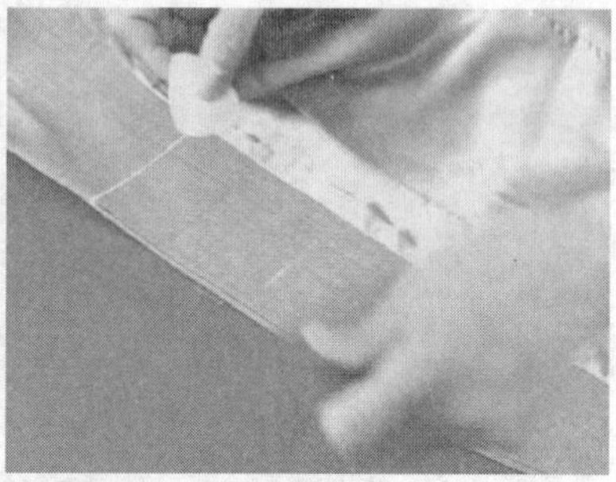　图2 画扣眼位置（2） 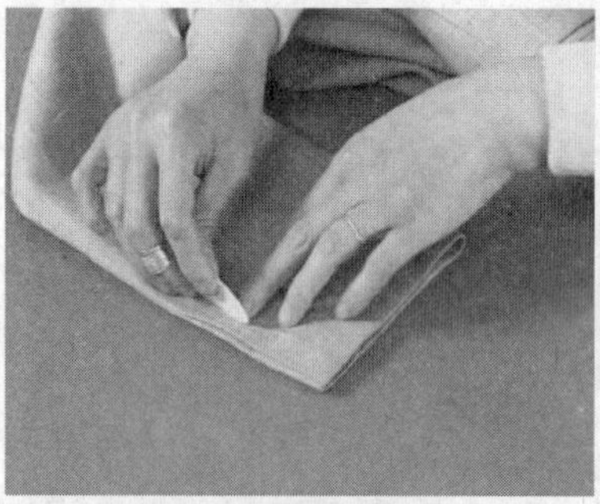 图3 画扣眼位置（3） 　图4 锁眼 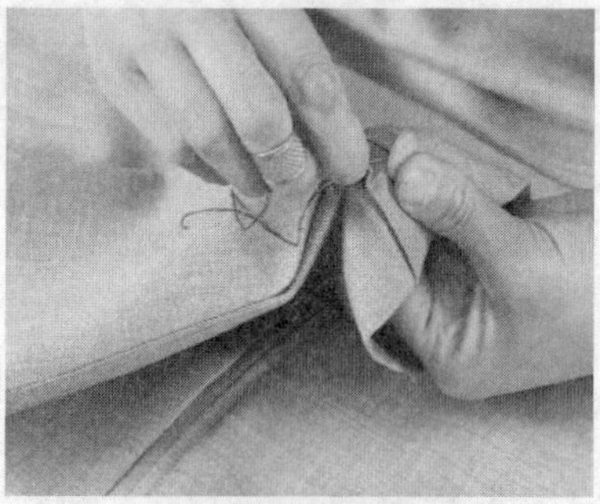 图5 钉扣子	扣位画在门襟的挂面上，然后由止口进来1.7cm画一条线，然后用锁眼机锁扣眼。扣子钉在里襟上，钉扣不能把线拉得太紧。双线四上四下。 　袖子衩位处锁三个假扣眼，并订装饰钮。 　使用工具：剪刀、熨斗、手针。
14. 整烫	 图1 整烫（1） 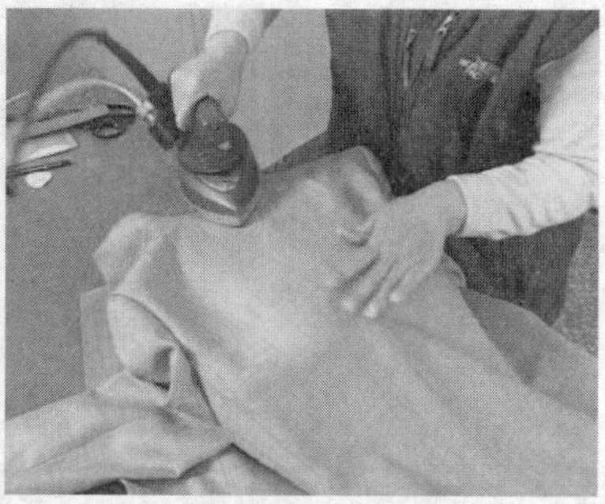　图2 整烫（2） 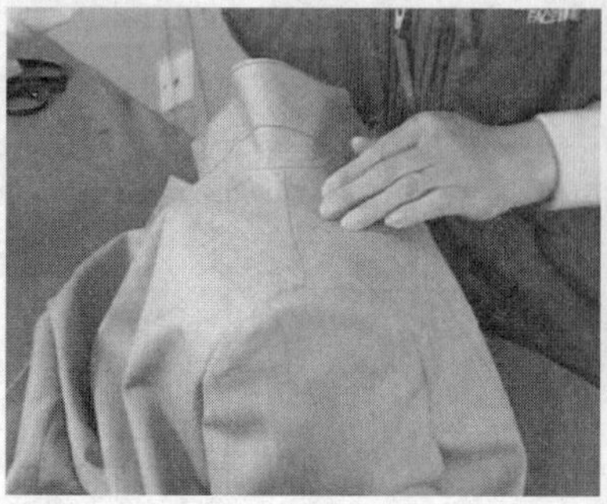 图3 整烫（3） 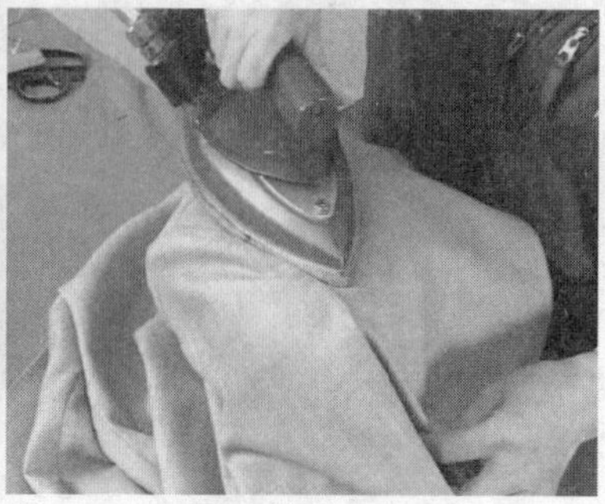　图4 整烫（4）	整烫之前把所有的寮线和线钉清理干净。整烫的时候，侧缝，袋口、下摆、胸部等需要放到布馒头上烫，把缝子烫平，压死。烫袋口的时候，要分两步烫，后中缝拔开烫死。 　烫肩的时候要放在铁凳上，把肩缝压平，领窝烫平，前身与袖子衔接的部分烫平，后身袖窿烫平，注意不要把袖子压死。 　使用工具：熨斗、铁凳、布馒头。

工艺内容	工 艺 图 示	工艺方法及要求、使用工具
15. 检验	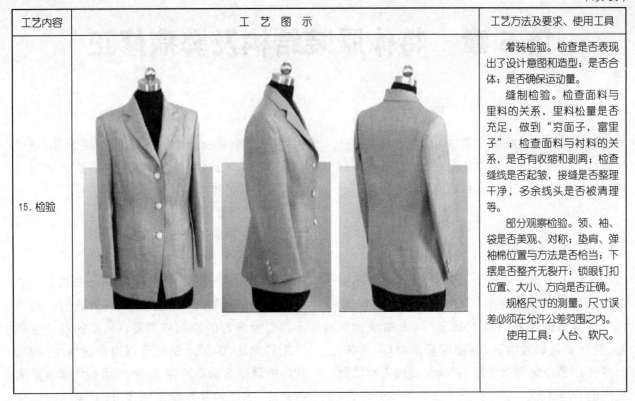	着装检验。检查是否表现出了设计意图和造型；是否合体；是否确保运动量。 缝制检验。检查面料与里料的关系，里料松量是否充足，做到"穷面子，富里子"；检查面料与衬料的关系，是否有收缩和剥离；检查缝线是否起皱，接缝是否整理干净，多余线头是否被清理等。 部分观察检验。领、袖、袋是否美观、对称；垫肩、弹袖棉位置与方法是否恰当；下摆是否整齐无裂开；锁眼钉扣位置、大小、方向是否正确。 规格尺寸的测量。尺寸误差必须在允许公差范围之内。 使用工具：人台、软尺。

思考与练习：

1. 掌握服装规格的确定方法。

2. 学会如何根据款式图绘制结构图。

3. 掌握女西服的工艺流程与制作方法。

第5章　特体服装结构及弊病修正

特殊体形穿上按照正常结构裁制的服装会产生弊病。为了使各种体形都能穿上合体美观的服装,需要对特体与正常体对比,进而在结构设计时加以表现。

5.1　特殊体型的鉴别

人们由于先天的遗传、后天的发育以及不同的生活习惯、职业等原因形成了体形上的差异。

正常体形是指身体发育正常,人体纵轴笔直,身体前后厚度匀称,各部位基本对称、均衡。特殊体形是指体形上发展不均衡,超越正常体形范围的各种体形。

5.1.1　特殊体形的分析

无论是正常体还是特殊体,经仔细观察、比较都有较大差异,尤其是特殊体,不仅特殊部位较多,而且各种特殊部位还有量的大小和位置的差异。现将与服装结构密切相关的常见特殊部位归纳如下:

（1）肩部:平肩、溜肩、高低肩、耸肩。

（2）胸部:平胸、高胸、低胸、鸡胸。

（3）腹腰部:挺腹、大腹肥胖、孕妇腹。

（4）臀部:平臀、翘臀、落臀、大臀等。

（5）腿部:O形腿、X形腿。

（6）上体部:厚实体、扁平体、反身体、弓身体。

（7）复合型:驼背凸臀体、挺胸腹肚体、大腹平臀体。

5.1.2　特殊体形的鉴别与测量

鉴别特殊体形是对人体外部廓形的观察与判断过程。测量者要在很短时间内通过对人体正面、背面、侧面进行观察,了解体形的左右是否对称,颈、肩、胸、腰、背、腹、臀、腿等部位的形态如何,以及人体厚薄、凹凸点位置等情况。从正面和背面可以观察到平肩体、溜肩体、O形腿、X形腿等情况。从侧面观察,有挺胸体(轻微挺胸体、

强度挺胸体、鸡胸体)、驼背体(轻度驼背体、强度驼背体等)、厚身体、薄身体、腹凸体、臀凸体以及各种复合式特殊体。

1. 正、背面观察

主要观察肩部和腿部体形。

1）肩部体形

人体肩部是衣服承受压力的惟一部位。上装的造型及舒适程度,往往依靠肩部的衬托,因此不容忽视肩部的鉴别与测量。肩部的鉴别主要采用目测法,为了准确还可以同测量法相结合。常用的测量方法有两种:一种是用量角器测量肩斜角度;另一种是测量肩斜尺寸,即第七颈椎骨水平线与肩峰水平线的垂直距离,被称为落肩尺寸。区别平肩和溜肩,通常应以标准肩斜度为准,标准肩斜度为21°左右,小于19°为平肩,大于23°为溜肩。如果是高低肩,应记下两肩的差数。

2）腿部体形

人体的腿部变形关系到裤装。腿部体形的特体主要有O形腿与X形腿之分。O形腿亦称罗圈腿。该体形的特征是膝盖以下两腿呈椭圆形,外侧长于内侧,两脚向内偏。X形腿与O形腿相反,两腿在膝盖以下外撇,内侧长于内侧。这两种腿型应该测量小腿部位的内外长度。

2. 侧面观察

1）侧身特体的变化特点

（1）每一个凸出或凹进的特殊体部位都使服装该部位结构纵与横两方面的尺寸发生变化。

（2）当前衣片某部位扩大尺寸时,后衣片对应部位必定是缩小尺寸(厚身体与薄身体除外)。

（3）了解正常人体侧身S曲线对认识侧身变化的特体非常重要。人体侧身S曲线是人体重心左右多次平衡的结果。当人体某部位因过分凸出或凹进,从而破坏了这种平衡,身体的另一部位即可能在反方向产生凸出或凹进变化以取得

新的平衡。如强度挺胸体往往伴有凸臀，成为挺胸凸臀体。

2）分析侧身形态变化的方法

（1）四个标志点和两根垂线：由胸高点作垂线称前垂线。正常体时，腹脐点应在前垂线上。若腹脐点在前垂线外则是凸腹体；反之则是挺胸体。

由肩胛骨点作垂线，称后垂线。正常体臀凸点应在后垂线上（男体可略在内）。若臀凸点落在垂线外则是凸臀体；反之则是驼背体。

（2）前后腰节长的对比：在分析人体上身的侧形变化中，前后腰节长的对比是很重要的。正常女体和儿童的前后腰节长尺寸大致相等；正常男体的后腰节长出约 2～2.5cm。以这个比较值为基础去比较特体的前后腰节长度。前腰节长大于后腰节长时，男体超过 2cm 的为挺胸体；反之则为驼背体。

3）常见侧身的特殊体

（1）胸部特殊体

人体胸部是服装造型最明显的部位，它是开放式领形的汇集之处，也是领部服饰变化的重要部位。因此对于胸部的鉴别应该从正面和侧面进行观察和测量。

胸部特殊体中的常见体形是挺胸体，其特征是胸部饱满宽阔，背部平坦，头部略呈后仰状态，胸高弧线略长于正常的胸高弧线。从正面可以用软尺测量前胸宽和后背宽尺寸，进行对比分析。正常体前胸应略宽于后背，当男体前胸宽大于后背宽 3cm 以上，女体前胸宽大于后背宽 4cm 以上时，可称为挺胸体。平胸体的前胸宽与后背宽接近，鸡胸体的前胸宽小于后背宽。从侧面可以观察到各种体形的胸部凸起程度，这直接影响着胸高线和前后腰节长线的长度，因此在测量中，除了测量横向的胸、背宽尺寸以外，还要测量纵向的胸高和前后腰节长尺寸，以求得服装的整体平衡。

（2）背部特殊体

背部是人体躯干的主要组成部分，它与胸部相对应。由于人体多朝前运动，因此后背造型较为严格，要求它平服舒展、美观大方。如果忽视背部的测量，则容易引起背部的多种弊病。后背特体中常见的体形是驼背体，其特征是颈部和背部

比正常体向前倾斜，以肩胛骨为中心呈弓形背，背部厚宽而高，胸部平坦。可以先从背面观察肩胛骨的形态及位置，测量后背宽尺寸。然后从侧面观察，可以采用通过背部和臀部这两个标志点，建立一根垂线的检查方法，如果颈椎骨距离垂直线超过 6cm 的，则称为驼背体。接着分析胸背宽差数，背宽超过胸宽 3cm 以上的为驼背体。最后还应测量前后腰节长尺寸，并将诸因素进行对比分析而判断出驼背程度。

（3）腹部特殊体

由遗传和发胖而产生的腹部隆起变形，亦称挺腹体。其特征是腹部外挺而头部自然后仰。按正常体胸围和腰围相比，其相差尺寸在 8～12cm 之间。如果腰围仅小于胸围 4cm 左右，这种体型称为满腹体；如果腰围大于胸围，称为大腹体；腰围大于胸围 10cm，称为超大腹体。对于挺腹体的测量，首先是测量腹围尺寸，再测量腹凸位置，然后还要看挺腹体的人扎腰带的习惯，以便为设计裤子上裆提供准确的数据。最后还要测量衣服的前长与后长尺寸。

（4）臀部特殊体

臀部在股骨的上端、臀大肌的中部，其肌肉丰满。臀部测量的尺寸是上下装制图的主要依据。男性正常体臀围尺寸比胸围尺寸大于 3cm 左右，女性正常体臀围要比胸围略大 4～8cm。臀部体形的特殊体多指女性大臀体，该体形的臀围大大超过胸围尺寸。此外还有平臀体、臀凸高体和臀凸低体。因此在测量时不仅应测准臀围尺寸，还应了解臀凸的高低位置。

5.2 特体服装结构与修正

5.2.1 特体服装结构的修正方法及符号

一般的服装结构的计算公式都是根据正常体形来制定的。特殊体形的服装在结构变化时可根据体形上的具体差异，在正常体形原型纸样的基础上加以变化，以适应体形的特殊要求，采用的具体方法是纸样剪叠法。这是特殊类服装结构设计较为实用的方法。本章的特殊体形结构修正都采用此方法，其步骤是先确定一个正常体形的原型纸样作为基图，然后以此为据，结合特体变化

而做相应的修正。

说明：后面讲解的内容中采用的符号说明见表 5-1。

表 5-1　特体服装结构修正符号

符号	说明
― ― ―	虚线表示原有的正常体形基图形状
＜	表示将正常体形基图剪开的部位
◣	表示将正常体形基图折叠的部位

5.2.2　各种特体服装结构的修正

1. 特殊体形上装结构修正

1) 挺胸体（图 5-1）

体形分析：人体胸部前挺，饱满突出，后背平坦，头部略向后仰，前胸宽，后背窄。

着装效果：由于胸部挺起，使肩头垂落，袖窿被拉紧，乳峰处顶起，胸部明显绷紧，使门襟、袖窿起涟形。同时前身衣片吊起，下摆出现前高后低，并有搅止口等现象。

修正方法：根据测量前腰节尺寸，适当增加前袖窿深，使前后腰节平衡，同时适当增加胸宽尺寸，减少后背尺寸。具体修改如下：

（1）将原型前身纸样沿胸围线处剪开，沿前中线向上展放至所测得的前腰节长。

（2）纸样领口、前肩、袖窿也相应移位。

（3）前胸放宽，后背改窄，后肩省改小。

（4）前腰节放长，后腰节则改短，侧缝后移。

2) 驼背体（图 5-2）

体形分析：人体背部突出且宽，头部略前倾，前胸则较平且窄，胳膊向前垂。

着装效果：由于该体型后背长加长，因此会产生前长后短、后背绷紧、后下身起吊，前袖山过松，后袖山绷紧等效果。

修正方法：该体形需根据后腰节尺寸，增加后背中线的长度，使前后腰节线平衡；增加后领宽及后背宽，满足后背宽和弓形背弧线长度的需要，具体修正方法如下：

（1）将原型后身纸样袖窿深 1/2 处剪开，向上展放至所测得的后腰节尺寸，肩线、后领口线也相应提高。

（2）将前身纸样胸围线折叠，使前领口变窄，前身纸样变短。

3) 平肩（图 5-3）

体形分析：该体形的肩部较平，肩斜角小于 19°，肩部呈"T"形。

着装效果：由于该体形肩部较平，穿上正常体形的服装，就会使上衣肩部拉紧，止口豁开。

修正方法：通过前后袖窿深线处剪开，在原型纸样上加以调节，调节的具体数据视情况而

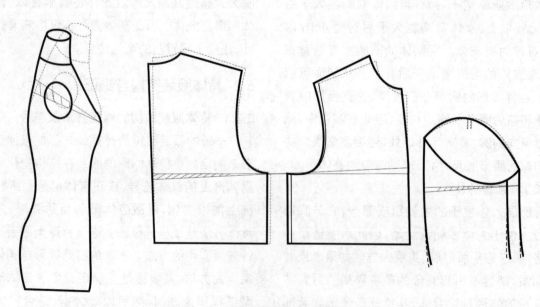

图5-1　挺胸体的形状及结构修正

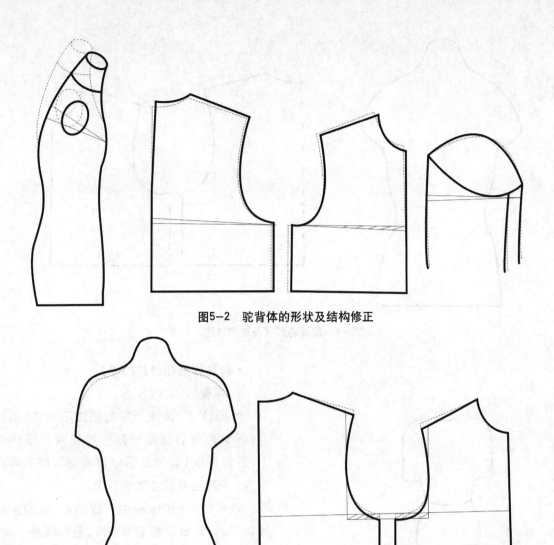

图5-2 驼背体的形状及结构修正

图5-3 平肩的形状及结构修正

定。具体修正方法如下:

(1)减小前后肩斜度。

(2)袖窿深线处相应提高。

4)溜肩(图5-4)

体形分析:该体形肩型较斜,肩斜角大于22°,肩部呈"个"字形。

着装效果:由于该体形肩部斜度较大,穿上正常体型服装后会使两肩部位起斜褶,出现止搅等现象。

修正方法:通过剪开前后袖窿深线,在原型纸样上加以调节,调节的具体数据视情况而定。具体修正方法如下:

(1)减小前后肩斜度。

(2)前后袖窿深处相应放低。

5)高低肩(图5-5)

体形分析:左右两肩高低不一,一肩正常,另一肩则低落。

着装效果:由于该体型左右两边不对称,穿上正常体型的服装,低肩的下部出现褶皱。

修正方法:溜肩的调节方法,在原型纸样上加以调节,调节的具体数据视情况而定。具体修正方法如下:

(1)增大低肩部位的肩斜度。

(2)低肩袖窿深线相应放低。

高低肩的处理也可以按正常体型的原型纸样制图,用安装不同厚度的垫肩来调节肩型。

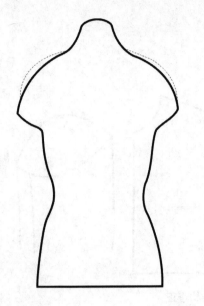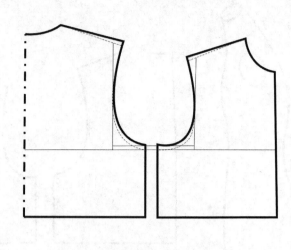

图5-4 溜肩的形状及结构修正

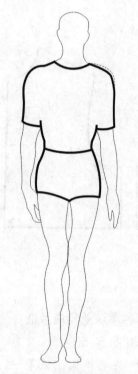

图5-5 高低肩的形状

2. 特殊体形下装结构修正

影响下装结构设计主要在人体腰线以下部分，尤其是人体的臀部和腹部是影响下装结构设计的关键因素。从臀部看，特殊体形主要有平臀体、大臀体、翘臀体、落臀体；从腹部看，特殊体形主要有挺腹体、大腹肥胖体；从腿部看，特殊体形主要有O形腿、X形腿。另外还有左右不对称体等。

• 特殊体形裙装结构修正

1）平臀体（见图5-6）

体形特征：该体形臀部肌肉不发达，形状扁平，后臀部与后腰部落差相对正常标准体形减小，后臀高值（腰围线后中点与臀围线后中点的距离）相对正常标准体形减少。

着装效果：该体形由于臀部扁平，穿上正常体裙装后，则出现后下摆下垂，后臀围线下垂，后臀部较松。

修正方法：由于该体形后臀部与后腰部落差相对正常标准体形减小，后省量应减小；由于臀部肌肉不发达导致裙装后臀部有较松现象，则应将其部分余量去除。针对上述问题，可以在正常标准体形裙装的结构设计的基础上作如下结构修正：

（1）过后片省尖点作一水平线，将后裙片分成1、2、3三个部分；

（2）将1部分垂直下移，下移值为正常标准体型后臀高值与平臀体型后臀高值的差量值（通过人体测量得到）；

（3）以A点为中心旋转2部分使其省尖点与1部分的省尖点重合；

（4）修顺腰口线和侧缝线。

2）大臀体（图5-7）

体形特征：该体形臀部肌肉丰满发达，后臀部与后腰部落差相对正常标准体形增大，后臀高

128

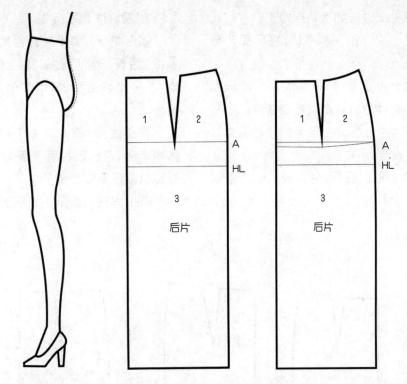

图5-6 平臀体的结构与裙装纸样修正

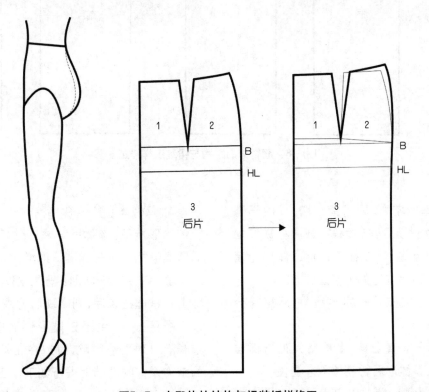

图5-7 大臀体的结构与裙装纸样修正

值相对正常标准体形增大。

着装效果：该体形由于臀部丰满，穿上正常体裙装后，则出现裙后下摆上提，后臀围线上提，后臀部有绷紧现象。

修正方法：由于该体形后臀部与后腰部落差相对正常标准体形增大，后省量应增大；由于臀部肌肉发达导致裙装后臀部绷紧，则应将其增加松度。针对上述问题，可以在正常标准体形裙装的结构设计的基础上进行如下结构修正：

（1）过后片省尖点作一水平线，将后裙片分成1、2、3三个部分；

（2）将1部分垂直上移，上移值为正常标准体后臀高值与大臀体形后臀高值的差量值；

（3）以B点为中心旋转2部分使其省尖点与1部分的省尖点重合；

（4）修顺腰口线和侧缝线并将侧缝修正量调整至后省处。

3）翘臀体（图5-8）

体形特征：该体形臀部肌肉丰满发达，臀峰偏高，后臀部与后腰部落差相对正常标准体形增大，后腰线上移，后臀高值相对正常标准体形增大。

着装效果：该体形由于臀部丰满，穿上正常体裙装后，则出现裙后下摆上提，后臀围线上提，臀部绷紧现象较严重。

修正方法：由于该体形后臀部与后腰部落差

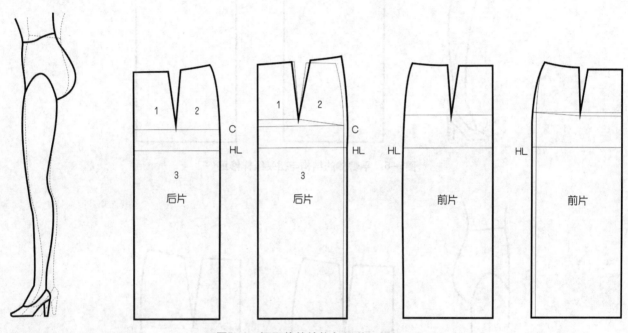

图5-8　翘臀体的结构与裙装纸样修正

相对正常标准体形增大，后省量应增大，由于臀部肌肉发达导致裙装后臀部绷紧，则应将其增加松度。针对上述问题，可以在正常标准体形裙装的结构设计的基础上进行如下修正：

（1）过后片省尖点作一水平线，将后裙片分成1,2,3三个部分；

（2）将1部分垂直上移，上移值为正常标准体后臀高值与大臀体形后臀高值的差量值；

（3）以C点为中心旋转2部分使其省尖点与1部分的省尖点重合；

（4）修顺腰口线和侧缝线，将侧缝修正量调整至后省处并将省道作成弧形；

（5）如臀翘度较大且人体前倾，则应同时修正前、后片，并将侧缝线前移。

4）落臀体（图5-9）

体形特征：该体型与翘臀体相反，臀峰偏下，后臀高值相对正常标准体形增大。

着装效果：该体形由于臀部较瘦，臀峰偏下，穿上正常体裙装后，则出现后臀围线偏高。

修正方法：由于该体形臀高增长，后省长应增长。针对上述问题，可以在正常标准体形裙装的结构设计的基础上进行如下修正：

（1）将前、后臀围线下移，下移值为正常标准体形后臀高值与大臀体形后臀高值的差量值；

（2）将后省长加长。

5）挺腹体（图5-10）

体形特征：该体形腹部隆起，前腹部与前腰部落差相对正常标准体形增大，前臀高值（腰围

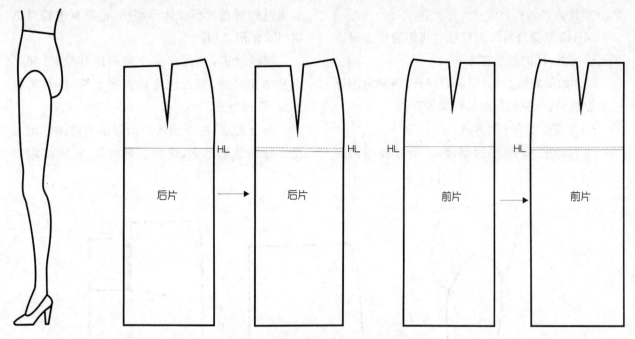

图5-9 落臀体的结构与裙装纸样修正

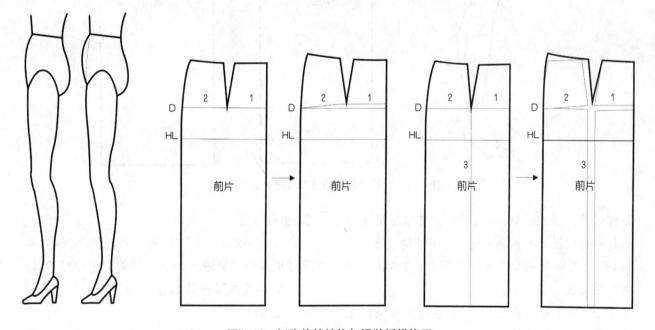

图5-10 挺腹体的结构与裙装纸样修正

线前中点与臀围线前中点的距离）相对正常标准体型增加。

着装效果：该体形由于腹部隆起，穿上正常体裙装后，则出现裙前下摆上翘，前臀围线上提，腹部绷紧。

修正方法：由于该体形前腹部与前腰部落差相对正常标准体形增大，前省量应增大且省长应减短；由于腹部肌肉发达导致裙装腹部绷紧，则

应将其增加松度。针对上述问题，可以在正常标准体形裙装的结构设计的基础上进行如下结构设计：

（1）过前片省尖点作一水平线，将前裙片分成 1、2、3 三个部分；

（2）将 1 部分垂直上移，上移值为正常标准体前臀高值与挺腹体形前臀高值的差量值；

（3）以 D 点为中心旋转 2 部分使其省尖点

与 1 部分的省尖点重合；

（4）修顺腰口线和侧缝线并将侧缝修正量调整至前省处，同时简短前省长；

（5）如挺腹较大，则将前片展开，调整后侧缝线的位置，其调整量为前片横向展开量。

6）大腹肥胖体（图 5-11）

体形特征：该体形腹部隆起，前腹部与前腰部落差相对正常标准体形减小，前臀高值相对正常标准体形增加。

着装效果：该体形由于腹部肥胖隆起，穿上正常体裙装后，则出现裙前下摆上翘，前臀围线上提，腹部绷紧。

修正方法：由于该体形前腹部与前腰部相对正常标准体形增大，裙装腹部绷紧，则应将增加

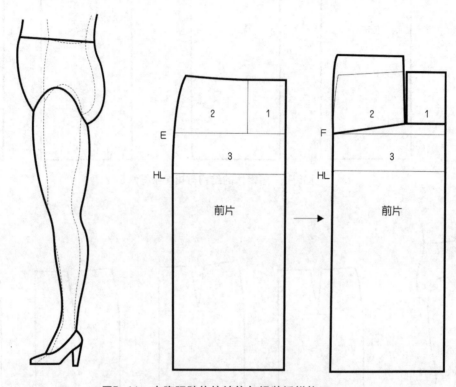

图5-11 大腹肥胖体的结构与裙装纸样修正

腹部松度。针对上述问题，可以在正常标准体形裙装的结构设计的基础上进行如下结构设计：

（1）过前片省尖点作一水平线，将前裙片分成 1、2、3 三个部分；

（2）将 1 部分垂直上移，上移值为正常标准体前臀高值与挺腹体形前臀高值的差量值；

（3）以 E 点为中心旋转 2 部分使其省尖点与 1 部分的省尖点重合；

（4）修顺腰口线和侧缝线，侧缝在腰口的修正量通过减小前省量平衡。

7）不对称体（图 5-12）。

体形特征：该体型左右两侧不对称

着装效果：该体形由于左右两侧不对称，穿上正常裙装后，则出现裙下摆不平，臀围线倾斜，一侧绷紧，一侧较松，臀围线不在同一水平高度，裙身扭曲。

修正方法：由于该体形左右两侧不对称，则应对裙身的两侧进行调整。针对上述问题，可以在正常标准体形裙装的结构设计的基础上进行如下结构设计：

（1）过右前片臀大点和前腰中点作一水平线，将前裙片分成 1，2 两个部分；

（2）以 F 点为中心旋转 1 部分使其臀围线以上的侧缝线的长度与人体吻合；

（3）修正左右侧缝线；

（4）前后片修正方法相同。

以上分析研究了单一型特体的裙装基本型的结构设计，对于复合型的特体则应全面考虑。如挺腹平臀体，应进行前片修正的同时也要进行后片的修正，结构设计方法参照挺腹体和平臀体的

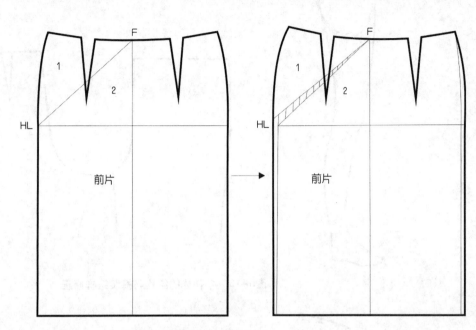

图5-12　不对称体的结构与裙装纸样修正

裙装基本型的结构设计。

• 特殊体形裤装结构修正

1）平臀体（见图5-13）

体形特征：该体形臀部肌肉不发达，形状扁平，后臀部与后腰部落差相对正常标准体形减小，后臀高值（腰围线后中点与臀围线后中点的距离）相对正常标准体形减少。

着装效果：该体形由于臀部扁平，穿上正常体西裤，出现后缝过长并下坠的现象。

修正方法：由于该体形后臀部与后腰部落差相对正常标准体形减小，后省量应减小；由于臀部肌肉不发达导致裤子后臀部有较松现象，则应将其部分余量去除。针对上述问题，可以在正常标准体形西裤的结构设计的基础上作以下结构修正：

（1）通过后裤片基图剪开，在正常体形裤片上加以调节，调节的具体数据视情况而定。。

（2）通过后裤片臀围线折叠，调整相关部位，达到符合平臀体形者的穿着要求：后臀围收小；后缝斜度减小；后缝弧线减短；后翘放低；后裆宽减窄；后省量适量减小。

2）凸臀体（图5-14）

体形特征：该体形臀部肌肉丰满发达，后臀部与后腰部落差相对正常标准体形增大，后臀高值相对正常标准体形增大。

着装效果：该体形由于臀部丰满，穿上正常体型的西裤，会使臀部绷紧，后裆宽卡紧。

修正方法：由于该体形后臀部与后腰部落差相对正常标准体形增大，后省量应增大；由于臀部肌肉发达导致西裤后臀部绷紧，则应将其增加松度。针对上述问题，可以在正常标准体形西裤的结构设计的基础上进行如下结构修正：

（1）通过后裤片基图剪开，在正常体型裤片上加以调节，调节的具体数据视情况而定。

（2）通过后裤片臀围线切开并放大臀围调整相关部位，达到符合凸臀体形穿着者要求：后臀围放大；后缝斜度增加；后缝弧线放长；后翘抬高；后裆宽放宽；后省量适量增大。

3）O形腿（图5-15）

外形特征：O形腿又称罗圈腿，其特征是臀下弧线至脚跟呈现两膝向外弯曲，两脚向内偏，下裆内侧呈现椭圆形。

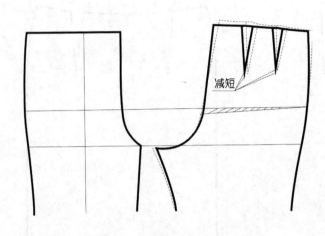

图5-13 平臀体的结构与裤装纸样修正

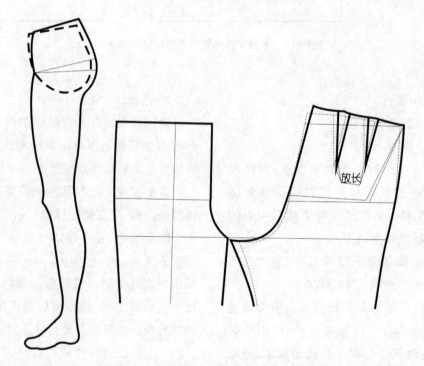

图5-14 凸臀体的结构与裤装纸样修正

着装效果：该体形穿上正常体形西裤，会形成侧缝线显短而使侧缝线向上吊起，下裆缝显长而使其起皱，并形成烫迹线向外侧偏等现象。

修正方法：通过前后裤片在侧缝中裆处剪开裤片原型纸样，向下裆一侧脚口线方向移动。调节的具体数据视情况而定。具体修正方法如下：

（1）侧缝线适当延长，并向内移；

（2）下裆缝适当缩短，并向内移；

（3）裤烫迹线则自然偏向下裆方向。

4）X形腿（图5-16）

外形特征：其体形特征是两腿膝盖部位内并，两脚平行外偏，膝盖以下至脚跟向外撇呈"八"字形。

着装效果：着装后出现在裤子上的弊病

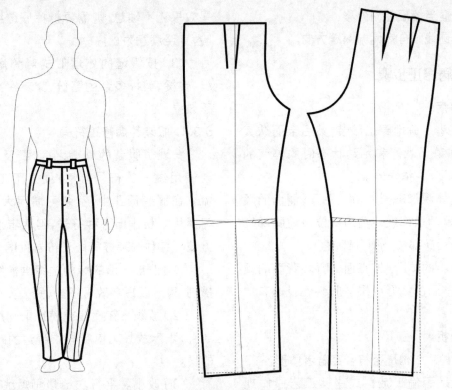

图5-15　O形腿的结构与裤装纸样修正

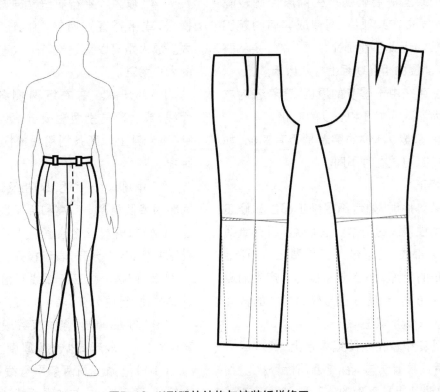

图5-16　X形腿的结构与裤装纸样修正

是下裆缝向上吊起,侧缝起绺,裤中线向内侧偏移。

　　修正方法:通过前后裤片在下裆缝中裆处剪

开,向侧缝一侧脚口方向移动,调整相关部位,达到符合X形腿者穿着要求。具体修正方法如下:

　　(1)下裆缝线适当延长,并向外移;

（2）侧缝适当缩短并向外移;

（3）裤烫迹线则自然偏向侧缝方向。

5.3 服装弊病修正步骤

5.3.1 观察弊病

让被观察者正确地穿上服装,然后全面认真地观察服装在静止状态和活动状态时的弊病的具体位置和程度,并作好记录。

观察服装外观形态:按前面、后面、侧面的顺序进行,具体是领驳部位→前肩部位→前胸部位→衣袖部位→后身部位→侧身部位。

观察穿着者的体形:按正面、侧面、背面的顺序进行,将观察到的体形结果与服装外观形态加以比较。

5.3.2 弊病分析

（1）服装裁片结构是否符合穿着者体形。

（2）缝制是否偷工减料或违反工艺操作规程,面、辅料搭配是否合理。

（3）由于某些服装弊病产生的原因比较复杂,有时问题发生在某部位,而造成弊病的起因却在其他部位。因此不能孤立地看问题,要从整体出发,从各部位的相互联系上寻找原因。

（4）是否存在由于季节的原因,穿着者内衣的厚薄不同而造成的围度和长度的变化。

（5）穿着者模型部位的穿着是否有变化,如量体时穿着内衣与试衣时不同。

5.3.3 弊病修正

修正服装弊病时,如何确定修正部位和修正量是一项技术性很高的工作。不能轻易拆开缝线或剪掉衣片某部位,这样做不仅浪费工时,还会造成无法修正的新弊病。应该根据弊病产生的原因来确定修正方案,也就是在与弊病相关的裁片上进行修正。具体步骤是:

（1）将服装穿着在人体或人台上,试着用大头针别、用手提拉等方式,看能否消除弊病。如果能消除,说明分析是正确的;反之,则要重新试用其他方法。

（2）拆开弊病部位的缝线,用划粉在裁片上修正。然后用大头针或线进行假缝,观察外观形态。如果弊病已经消除,便可以进行实缝;如

果效果还不理想,则需要拆掉假缝线后再进行试验,直至满意为止。

（3）按假缝的处理形式对弊病部位进行实缝、熨烫,剪掉多余的缝份,穿着在人体上审视修正效果。

5.3.4 服装弊病修正符号

发现了服装的弊病之后,要及时作出标记,要使用统一的符号,以方便上下工序的技术交流。在服装行业中,女装习惯用大头针别,男装习惯用划粉作出各种符号,但两者混合使用比较方便。各种服装弊病修正符号见图5-17。

（1）改短。沿衣缝的边缘画横线或用大头针横别,表示改短。改短多少,别去多少。

（2）放长。在横线或横针中间加两根垂直线或针,表示放长。横针与衣缝边的距离表示放长的量。

（3）改小。平行衣缝边画短线或别针,表示改小。改小多少,画多少。

（4）放大。平行衣缝边画短线,再加画两条横线,或平行直别两针,加别横针一枚,表示放大。放大距离以直线或第一枚直针距离衣缝边缘的大小为准。

（5）升高。在衣缝两侧各画上下各一短横线,或上部先别两短横针,另一侧下方别一横针,表示升上。两条划粉线或横针间距表示升上距离。

（6）降低。与上述（5）相反进行画线或别针,间距为降低距离。升高和降低是对应的手法。

（7）拔开。三个直角线并列相套或别两针,针尾并拢,针尖分开,表示拔开。

（8）归拢。画三条弧线互相套合,或别两针,针尖并拢,针尾分开,表示归拢。

（9）除去。画两条交叉线段,或别交叉两针,表示除去,也表示减少垫肩厚度。

（10）增添。画两条平行线或别两根平行的大头针,表示增添,如加缉明线、加褶裥等。

（11）突出。在体形凸势处,如背脊骨、驼背等处,画一圈,表示此部位突出。

（12）归正。有些裁片丝缕不正,用曲折线表示该部位用熨烫工艺将丝缕归正。

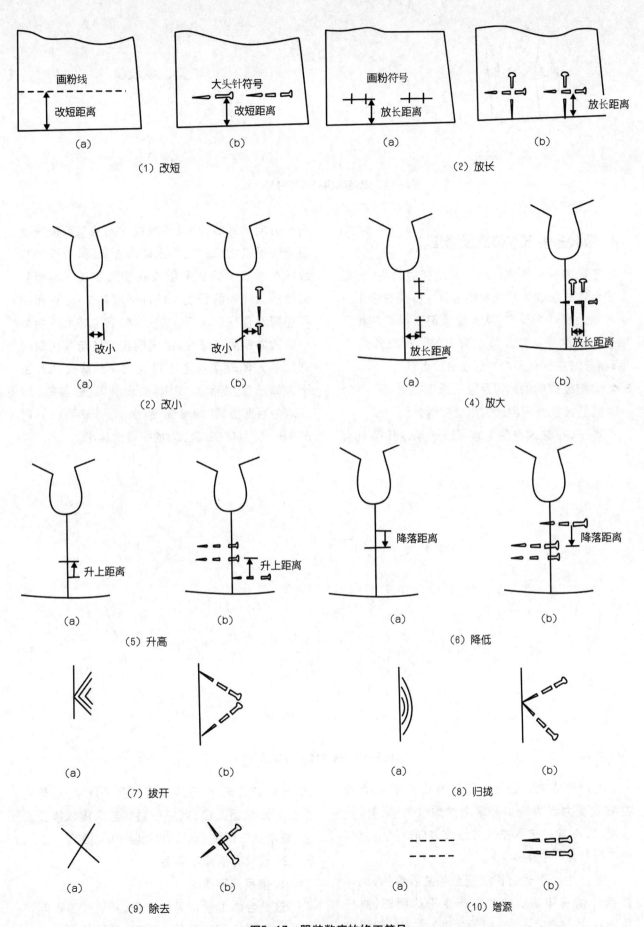

（1）改短　　　　　　　　　　　　　　　　　　　　　（2）放长

（2）改小　　　　　　　　　　　　　　　　　　　　　（4）放大

（5）升高　　　　　　　　　　　　　　　　　　　　　（6）降低

（7）拔开　　　　　　　　　　　　　　　　　　　　　（8）归拢

（9）除去　　　　　　　　　　　　　　　　　　　　　（10）增添

图5-17　服装弊病的修正符号

(11) 突出

(12) 归正

图5-17　服装弊病的修正符号（续）

5.4 服装各种皱纹弊病及修正

常见的服装弊病以各种皱纹弊病为主,它是影响合体式服装外观的主要因素。传统的修正方法基本上是就事论事,从而使修正变得复杂和无章可循。这里从修正皱纹弊病的规律及原理入手,指导解决变化多端的服装皱纹弊病。

5.4.1 皱纹弊病的起因及修正原理

服装皱纹弊病的起因主要有两方面:

其一,在皱纹弊病中若形成一条或几条具有同一方向的皱纹,则表示皱纹方向的某部位长度可能短于其相应部位的人体表面长度,或表明与皱纹相垂直方向的某部位长度可能长于其相应部位的人体表面长度。两种必居其一,也许两种可能同时存在。其二,在皱纹弊病中若形成由某一点散向四周的皱纹,则表明该部位与其相对应部位的人体表面形态不符。这类弊病往往产生于人体的球面部位(如胸部、肩胛部、臀部等)以及双曲面部位(如侧腰部、颈根部、肘部等)(见图5-18),并且弊病部位的放松量比较小。

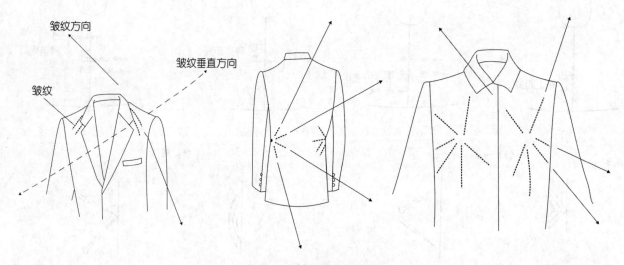

图5-18　皱纹弊病的起因

若产生由上述起因一所致的皱纹弊病,则可在皱纹受力点方向的开端增加皱纹方向部位的长度,或在皱纹末端减短与皱纹方向垂直的方向的部位长度(见图5-19)。

若产生由上述起因二所致的皱纹弊病,则可按两种情况解决。若弊病产生于球面部位,应在皱纹末端处收省(或加大省量)或施以归烫工艺、拉牵条工艺,以形成良好的凸势效果;若弊病产生于双曲面部位,则应在皱纹起点施以拔烫工艺,或增宽该部位的放松量(见图5-20)。

5.4.2 皱纹弊病修正实例

1. 前肩八字褶

这是合体上装常见的弊病,其皱纹源于前颈肩处向胸宽点部位延伸。所以,皱纹的受力点在

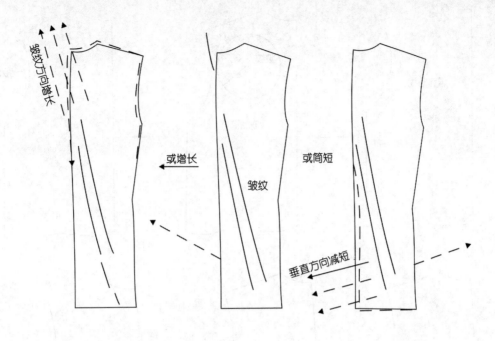

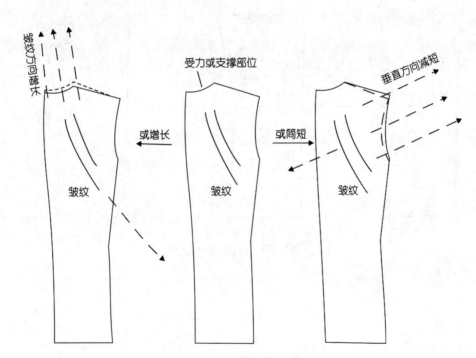

图5-19 皱纹弊病修正之一

颈肩点部位。

（1）产生原因：前领宽配置稍大，后领宽配置稍小，前肩斜度略小。

（2）修正原理：根据上述原因决定提高颈肩点，改窄前领宽，加宽后领宽，符合皱纹修正原理，即增长受力点处皱纹方向的长度。

（3）修正方法：结构设计时应配准前、后领宽，使后领宽大于前领宽 0.4cm 左右。如果修正成衣裁片，则将前领宽缝份变少，外肩略改窄，放大后领宽尺寸（图 5-21）。

2. 后领肩横褶

后领窝至两肩处有横向褶纹。

（1）产生原因：后衣片领深太浅，后肩斜度太斜，垫肩太厚，后背中线太长。

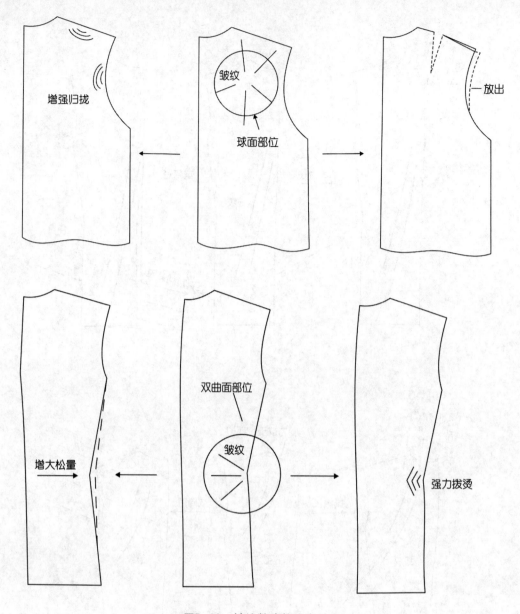

增强归拔

皱纹

球面部位

放出

增大松量

双曲面部位

皱纹

强力拨烫

图5-20　皱纹弊病修正之二

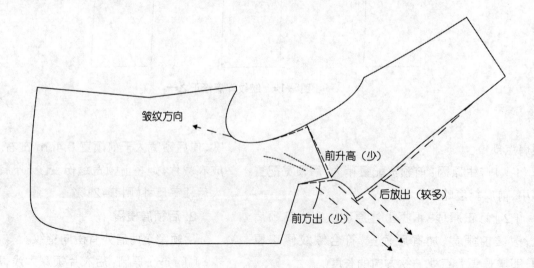

皱纹方向

前升高（少）

后放出（较多）

前方出（少）

图5-21　前肩八字褶的修正

（2）修正原理：减短与皱纹止点垂直方向的长度。

（3）修正方法：加深后领深，后肩斜度改平点，同时袖窿也提高，垫肩改薄，降低后肩颈点和后领口（图5-22）。

3. 侧身倒八字褶

衣身袖窿以下的腰侧部形成倒八字形褶纹。

（1）产生原因：一是前侧身皱纹牵扯后身，这是由于皱纹的受力点在后领口处，即后背中线不够长所致；二是后身平服，是由于皱纹的受力点在前身斜上方处，即袖窿翘尖处长度不够所致。

（2）修正原理：增长受力点处皱纹方向的长度。

（3）修正方法：将后肩颈点升高，后领口升高。将前衣片袖窿翘高处升高，前胸围大增加（图5-23）。

4. 袖窿底部褶纹

前袖窿底部的褶纹鼓起，多见于合体式上衣。

（1）产生原因：袖窿深度不够，受人体臂根部的压力。

（2）修正原理：减短与皱纹垂直方向的长度。

（3）修正方法：开深前袖窿深度（图5-24）。

5. 背部横褶

后衣身腰围线以上部位产生多余的横向褶纹，有不平服感。

（1）产生原因：后衣片腰围线以上的长度超过人体该部位的实际长度。

（2）修正原理：减短与皱纹止点垂直方向的长度。

（3）修正方法：将后衣片肩缝、后领口线一起向下降低，后袖窿相应向下剪掉多余量的一半，前衣片袖窿也相应剪掉些，使前后袖窿深相同（图5-25）。

6. 前领口有多余皱纹

套头衫的前领口皱纹出现竖向多余皱纹。

（1）产生原因：由于前中心不能有撇胸，而且前后领口宽度相等。

（2）修正原理：增加后领口的宽度。

7. 翻领的底领外露

翻领装到衣身后，翻不到所设计的翻折线上，致使底领外露，又称爬领。

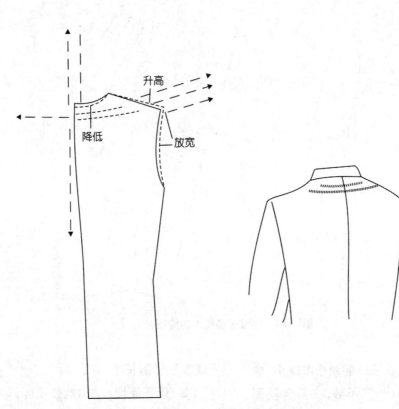

图5-22　后领肩横褶的修正

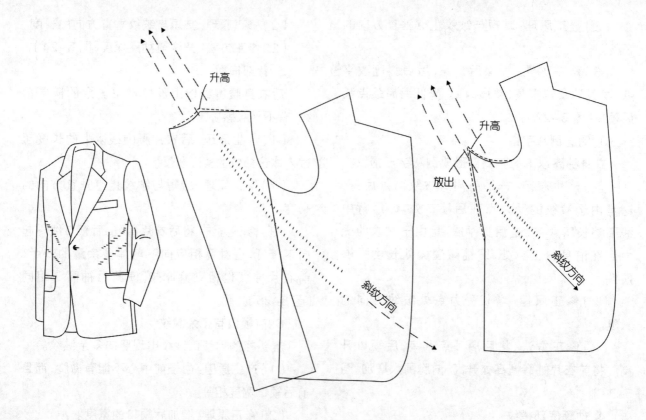

图5-23　侧身倒八字褶的修正

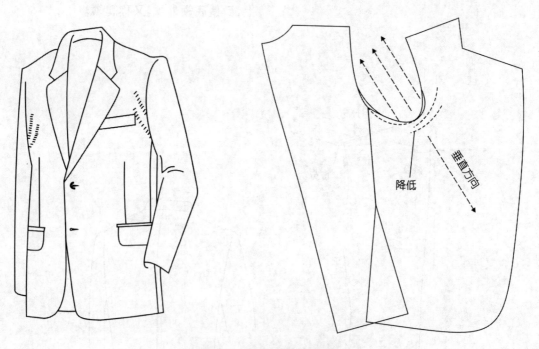

图5-24　袖窿底部褶纹的修正

（1）产生原因：裁配衣领时翻领松度略小，或者归拔不足，使翻领外口长度不够，在复合领面时，肩缝折转部位外口吃势不足，领下口长度小于或等于领圈长度。

（2）修正原理：增加翻领松度，可使后领起翘增大，从而增长翻领外口，符合领面在肩缝两端

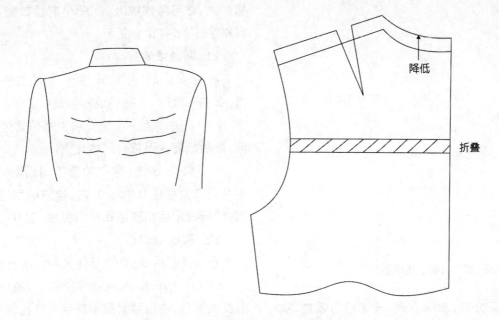

图5-25 背部横褶的修正

适当加放 0.3cm 的吃势, 缝制成形的衣领应比领圈大 0.3cm 左右, 装领时在肩缝附近吃进。

8. 领离脖

西服领下垂, 后部离开颈根, 使衬衣领外露过大。

（1）产生原因: 后衣片领口过宽过深, 领座太窄而引起翻领下垂。

（2）修正方法: 升高后领口, 改窄后领宽并画顺领口弧线。如果后领口没有缝份, 可将后肩缝

剪去一些, 然后将原腰节刀口上移, 即升高后腰节, 将底边放出; 如果领座太窄而引起的弊病, 则放宽领座 (图 5-26)。

9. 驳领在肩缝部位紧压肩部

驳领类服装在装领后在肩缝部位过分靠近颈部。

（1）产生原因: 前后领宽不够大, 由于驳领成型后要向内侧倾倒, 因此使衣领与颈部过分靠近而感到不舒服。

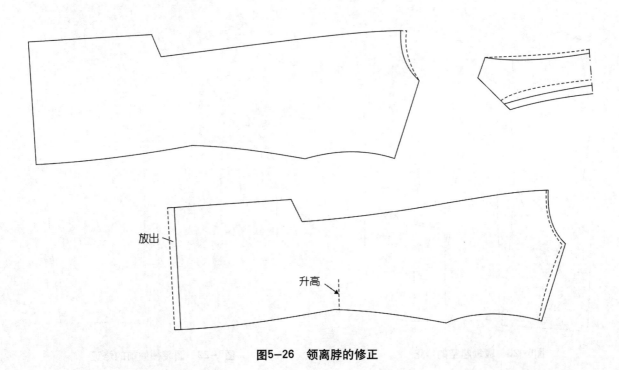

图5-26 领离脖的修正

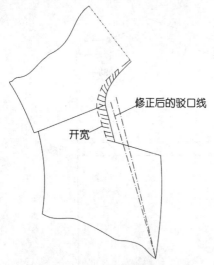

图5-27　肩缝紧压颈部的修正

（2）修正方法：拆下衣领，开宽前后领口，重新画顺前后领圈，熨平原驳口线，然后距新的肩领点外2/3或3/4领座宽处烫折新的驳口线。将衣领按新的驳口线位置和领圈放置后，观察衣领是否要放大，下口线是否修正（图5-27）。

10. 驳口起空

领驳口不紧贴胸部。

（1）产生原因：穿着者胸肌发达，前衣片的领口宽度太大，肩斜度太大。

（2）修正方法：驳口线归缩，前撇胸加大，底

翘加大，还可考虑收肚省；缩小前领口宽度，缩小肩斜度（图5-28）。

11. 圆装袖偏前

衣袖安装后，袖口遮住一半以上的大袋位置，衣袖下垂时，后侧出现斜裂皱纹。

（1）产生原因：衣袖的袖中线位置刀口太靠前，前后袖窿深不符合人体比例。

（2）修正方法：将衣袖拆下，按原来的袖山中点刀口向后移0.8cm左右，检查前后袖窿深比例，酌情改短后袖窿深和袖山弧线（图5-29）。

12. 圆装袖偏后

衣袖安装后，袖口遮不住大袋位的一半。

（1）产生原因：与衣袖偏前相反，袖中线位置刀口太靠后，前后袖窿深不符合人体比例。

（2）修正方法：将衣袖拆下，按原来的袖山中点刀口向前移0.8cm左右，检查前后袖窿深比例，酌情改短前袖窿深和袖山弧线，使之符合人体比例（图5-30）。

13. 前后袖窿不圆顺

袖窿弯曲不顺。

（1）产生原因：装袖时缝份大小不均匀，缉线的一周有弯曲现象，装垫肩时扎线抽得太紧，袖窿弧度不圆顺。

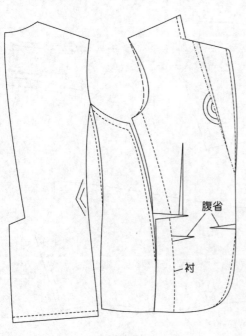

图5-28　驳领起空的修正

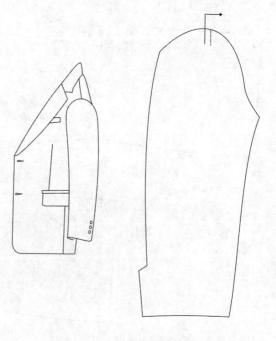

图5-29　圆装袖偏前的修正

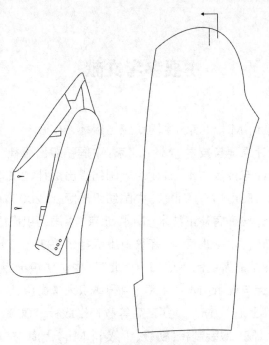

图5-30 圆装袖偏后的修正

（2）修正方法：装袖时，衣袖的横、直丝绺要理顺，衣袖吃势均匀，缝份处熨烫平服，缉缝袖窿圆周应一气呵成，横直丝归正，防止吃势移动，在停针处不能缉出尖角，装垫肩的线应松紧自然，防止抽紧，袖窿圆弧画圆顺后再装袖。

14. 两袖前后不一致

两个袖一前一后。

（1）产生原因：装袖时，两袖刀口不一致，使吃势移动；装袖时，右袖从下缉上，一般容易朝前，左袖从上缉下，一般容易朝后；两袖弯度做的不一致；垫肩装得前后不一致。

（2）修正方法：服装套在人体模型上，衣袖自然下垂时，应遮住袋口的一半。依此标准分别修正衣袖，将朝后的衣袖在前袖部位拆一段，将衣袖吃势往上移动，直至与另一只袖相符为止。将袖底拆一段，袖底吃势往上移，同时把后袖吃势移下与另一只衣袖相符为止。在归拔大袖时，两片上下一起归拔。装垫肩时，使垫肩的一半偏后1cm放在肩缝处，注意两边垫肩偏后量一致。

15. 衣袖后背处绷紧

手臂朝前运动时，后背有扳紧感觉。

（1）产生原因：衣片后袖窿处太凹，小袖后袖山挖得太多，后衣片的后袖窿凹度太大，宽松量不足，使手臂朝前运动时得不到后袖山与后衣身的宽松量。

（2）修正方法：衣片后袖窿凹度放出。小袖片往上移，将袖口贴边放出，以弥补后袖山太低的不足。后衣片的袖窿缝放出，使后背宽松。

16. 衣袖缝缩量不均匀

衣袖的袖山缝缩量呈现不均匀现象。

（1）产生原因：装袖时由于两只衣袖的缝合方向相反，上层的袖布与下层的袖窿布产生交错，而引起两袖缝缩量分布不均匀；装袖对位记号不准确。

（2）修正方法：装袖时先用手针抽吃势，使其均匀抽缩，然后用扎线将袖山与袖窿绷缝固定，最后再进行缉缝；将前袖山、后袖缝、袖山中线分别对准前袖窿、后袖窿和肩缝，共三个对位记号需要准确对位。

思考与练习：

1. 认识与观察各种特殊体形，尤其是各种复合型。

2. 掌握各种特殊体形的服装结构修正。

3. 如何对西服衣身弊病进行修正。

主要参考文献

［1］ 张文斌 . 服装结构设计［M］. 北京：中国纺织出版社，2006

［2］ 刘瑞璞 . 服装纸样设计原理与技术［M］. 北京：中国纺织出版社，2005

［3］ 吕学海 . 服装结构设计与技法［M］. 北京：中国纺织出版社，2004

［4］ 吴俊 . 女装结构设计与应用［M］. 北京：中国纺织出版社，2000

［5］ 张文斌 . 服装结构设计与疵病补正技术［M］. 北京：中国纺织出版社，1994

［6］ 张明德 . 服装缝制工艺［M］. 北京：高等教育出版社，1992

［7］ 刘恒，瞿慧岚翻译 . 图解服装缝制手册［M］. 北京：中国纺织出版社，2000

［8］ 余国兴 . 女装结构设计与应用［M］. 上海：中国纺织大学出版社

［9］ 魏静 . 服装结构设计（上册）［M］. 北京：高等教育出版社，2000

［10］ 上海市职业能力考试院 . 服装制板（初级、中级）［M］. 上海：东华大学出版社，2005

［11］ 上海市职业能力考试院 . 服装工艺（中级）［M］. 上海：东华大学出版社，2005

［12］ ［日］三吉满智子 . 服装造型学（理论篇）［M］. 北京：中国纺织出版社，2006

［13］ 蒋锡根 . 服装裁剪疑难解答150例［M］. 上海：上海科学技术出版社，1991

［14］ 王秀芬 . 服装缝制工艺大系［M］. 辽宁：辽宁科技出版社，2003